MENSCHENKUNDE UND ERZIEHUNG

Schriften der Pädagogischen Forschungsstelle
beim Bund der Freien Waldorfschulen

7

Jakob Bernoulli (1654–1705)

ERNST BINDEL

LOGARITHMEN FÜR JEDERMANN

Elementare Einführung

mit Hinweisen

auf höhere Gesetzmäßigkeiten

VERLAG FREIES GEISTESLEBEN

Inhalt

Vorwort	....	Seite 5
Abschnitt	1. Was ist eine Potenz?	„ 9
„	2. Negative Hochzahlen	„ 11
„	3. Verbildlichung einer Potenzreihe	„ 12
„	4. Die Bernoulli'sche Spirale	„ 15
„	5. Die Eigenschaften einer Potenzreihe	„ 25
„	6. Vervollkommnung des Reihenpaares	„ 34
„	7. Gebrochene Hochzahlen	„ 37
„	8. Dekadische Logarithmen	„ 40
„	9. Handhabung der Logarithmentafel	„ 44
„	10. Beispiele logarithmischer Rechnungen	„ 48
„	11. Das Verhältnis verschiedener Logarithmensysteme zueinander	„ 52
„	12. Der logarithmische Rechenstab	„ 57
„	13. Nähere Betrachtung der Exponentialkurve	„ 61
„	14. Stetige Kapitalisierung von Zinsen	„ 65
„	15. Die Exponentialkurve $y = e^x$ und die Spirale $r = e^b$ ..	„ 72
„	16. Die natürlichen Logarithmen	„ 77
„	17. Der Aufbau der Rechnungsarten	„ 80
„	18. Die Tonwahrnehmung und die Rechnungsarten. Das Weber-Fechnersche Gesetz der Psychophysik ...	„ 86
1. Anhang:	Eine Tabelle vierstelliger Logarithmen	„ 94
2. Anhang:	Jost Bürgis Logarithmentafel, erste Seite und Titelblatt (mit freundlicher Erlaubnis entnommen aus E. Voellmy: Jost Bürgi und die Logarithmen, Beiheft Nr. 5 der Zeitschrift „Elemente der Mathematik", Verlag Birkhäuser, Basel) nebst Erläuterungen	„ 96
3. Anhang:	Peter Baum: Die logarithmische Spirale beim Nautilus pompilius	„ 99

ISBN 3-7725-0207-5
© 1983 Verlag Freies Geistesleben GmbH, Stuttgart
Druck: Hans Hawelka, Stuttgart-Vaihingen

Aus dem Vorwort zur ersten Auflage (1938)

Das vorliegende Buch macht nicht den Anspruch, in mathematischer Hinsicht etwas Neues, das noch nicht bekannt gewesen sei, zu bieten. Der Mathematiker von Fach wird darin lauter ihm mehr oder minder geläufige Tatbestände wiederentdecken. Maßgebend soll für diese Veröffentlichung allein der pädagogische Gesichtspunkt sein. Wie müssen mathematische Phänomene behandelt werden, damit der Lernende von ihnen innerlich erfüllt wird? Das ist die Frage, um die es hier allein geht. Es darf sich im mathematischen Unterrichte nicht bloß um eine Bereicherung des Wissens, um eine Steigerung der logisch-mathematischen Fähigkeiten handeln. Der Unterricht und die Darstellung müssen so angelegt sein, daß sie auch zum Gemüte des Lernenden sprechen. Die Mathematik unserer Tage hat sich von dieser Forderung mehr und mehr entfernt und lehnt sie wohl gar als unsachlich, nicht dem Geiste der Mathematik entsprechend ab. Darauf wäre zu erwidern, daß dann der Geist der Mathematik in den vergangenen Jahrhunderten, zur Zeit der großen Entdecker, von diesen selber schlecht verstanden worden sein muß. Denn sie haben es sich nicht nehmen lassen, sich an ihren Entdeckungen nicht bloß zu begeistern, sondern im Anschluß daran auch tiefere, nicht mehr rein mathematische Zusammenhänge zu berühren. In diesem Buche sind dafür Belege beigebracht.

Auch ein kritisches Wort über die Einbeziehung des Geschichtlichen in die Darstellung! Das Studium der historischen Entwickelung eines bestimmten Unterrichtsgebietes zeigt oft, daß diese gar nicht den Weg genommen hat, der in vielen heutigen Lehrbüchern eingeschlagen wird. So ist den Menschen von damals das Wesen des Logarithmus an dem Vergleich zweier zusammengehöriger Reihen, einer sogenannten geometrischen Reihe und einer arithmetischen Reihe, aufgegangen. Erst verhältnismäßig spät, seit Eulers Vorgang, hat sich die Erklärung eines Logarithmus als Umkehrung einer Potenzierung, wie sie in der oben angeführten Definition des Logarithmus zutage tritt, herausgearbeitet. Dieser Weg der Erschließung des Logarithmus durch Gegenüberstellung zweier Reihen ist ein so ergiebiger, so befriedigender, daß schwer einzusehen ist, warum er nicht öfter beschritten worden ist. Nur muß man sich davor hüten, hier einen wirklich u n n ö t i g e n Umweg zu machen, indem man nach alter Manier einer irgendwie gearteten geometrischen Reihe eine irgendwie geartete arithmetische Reihe gegenüberstellt, wie es noch die Entdecker der Logarithmen, Bürgi und Neper, getan haben, sondern man muß als geometrische Reihe speziell eine Potenzreihe und als arithmetische Reihe die Reihe der zugehörigen Exponenten wählen. Dann springt auch die Euler'sche Erklärung des Logarithmus mühelos heraus. Wenn man ein solches Reihenpaar zugrunde legt, werden die Gesetze des Logarithmus zu nichts anderem als zu einer Beschreibung der Rhythmik beider Reihen. Die stärkere Heranziehung rhythmischer, reihenhafter Vorgänge wird aber immer belebend wirken. Denn aller Rhythmus trägt ein gesundendes Element in sich, für den Erwachsenen wie auch erst recht für den jungen Menschen. Die sich mit dem Rhythmus verbindende Logik arbeitet leichter, beschwingter als die unrhythmische, die vorliegt, wenn man alles aus einer einzelnen Definition heraus entwickelt. Nun wird auch die Einbeziehung historischer Vorgänge in den Gang der Untersuchung nicht mehr eine bloße Beigabe, um etwas schmackhaft zu gestalten, sondern gehört zum Aroma des Ganzen hinzu. Der Schüler kann nun an dem Ringen des Menschengeistes, wie es einmal stattgefunden hat, tätigeren Anteil nehmen, und wenn man ihm erzählen kann, welche Empfindungen die Forscher bei der Entdeckung der mathematischen Gesetze beseelt haben, kann er daran seine eigenen Empfindungen hochranken. Was sonst in Gefahr stünde, grau zu werden, überzieht sich nun mit belebenden Farben.

Das Interesse wird noch gesteigert, wenn der Lehrer aus seinem Fachwissen heraus den Schüler auch auf Tatbestände hinzuweisen vermag, deren B e g r ü n d u n g über den Bereich des Elementaren hinausliegt. Es braucht wirklich nicht alles sogleich durchschaut zu werden. Wie arm wären wir auch als Erwachsene, wenn wir uns nur von dem umgeben ließen, was wir restlos begreifen können! Im Gegenteil, der Ausblick auf zunächst noch unbesteigbare Gipfel wirkt als ein Ansporn, alles zu tun, um ebenfalls einmal dort hinauf zu gelangen. Mit dieser Absicht ist in die vorliegende Darstellung das Kapitel von der Bernoulli'schen Spirale aufgenommen worden und noch manches andere dazu. Es gibt ja eine ganze Anzahl allertiefster mathematischer Zusammenhänge, die sich durchaus auf elementare Art beschreiben lassen, ohne daß es möglich wäre, sie auf demselben Wege zu finden oder zu begründen. Das frühzeitige Bekanntmachen mit solchen Tatbeständen ist sogar die beste Vorbereitung darauf, sie später einmal auch durchschauen zu können.

Eine bestimmte Frage taucht stets in jungen Menschen auf, wenn ein neues Gebiet der Mathematik in ihr Blickfeld rückt: hat das, was wir da kennen lernen, für das Leben irgendeine Bedeutung, ist es im Weltganzen irgendwo schon vorgebildet? Wird es mindestens auf das Leben und seine Verhältnisse angewendet? Für kein Gebiet der Mathematik ist dieser letzte Teil der Frage ja so leicht zu beantworten wie für die Lehre von den Logarithmen, da ihre Verwendung das äußere Leben förmlich beherrscht. Aber noch mehr beruhigt es den Lernenden, auch auf den ersten Teil der Frage eine Antwort zu bekommen und nicht bloß zu erfahren, wo im praktischen Leben etwas verwendet wird. Es wird ihm weit mehr bedeuten, wenn man ihm darüber hinaus zu zeigen vermag, daß z. B. die Logarithmen nicht bloß im rein Gedanklichen des Menschen ihr Dasein fristen und von da aus auf die äußere Lebenspraxis angewendet werden, sondern daß sie in weit tiefere Schichten des menschlichen Wesens hinunterreichen. Wenn man ihm zu zeigen vermag, daß der Mensch in einem bestimmten Bezirke seines Wesens bereits mit dem Gebilde Logarithmus umgeht, ehe er es gedanklich zu handhaben versteht! So etwas zu erfahren, wird in dem Schüler erst die letzte Befriedigung auslösen. Man kann nicht immer solche tieferen Beziehungen nachweisen. Aber für die

Logarithmen ist auch dies möglich; in dem Schlußkapitel dieses Buches ist diese Verankerung des Logarithmus im Wesen des Menschen beschrieben.

Wenn in dieser Art ein mathematisches Problem behandelt werden kann, hat der Lehrer nicht mehr nötig, das Interesse der Schüler durch Maßnahmen, die nicht mehr im Stoffe selber liegen, zu beleben; die Schüler kommen ihm auf halbem Wege entgegen.

Auf allen diesen Wegen wird dann wieder erreicht, was einstmals verwirklicht war, daß nämlich die Mathematik als ein notwendiger Bestandteil der allgemeinen Bildung angesehen wird. Zu den beklagenswerten Symptomen gehört es ja, daß viele Menschen die mathematischen Kenntnisse und Einsichten, die sie in ihrer Jugend haben in sich aufnehmen müssen, als Erwachsene mit einem Gefühl der Erleichterung als unnötigen Ballast über Bord werfen, statt das Erworbene wie anderes Bildungsgut zu pflegen und auszubauen.

Ernst Bindel

Vorwort zur dritten Auflage

Im Zeitalter fortschreitender Technisierung könnte man sich leicht dazu entschließen, auf den Gebrauch der Logarithmentafel zu verzichten, da der Taschenrechner alles viel einfacher durch Knöpfchendruck erledigt. Die Logarithmenrechnung ist aber nicht nur eine erleichternde Hilfe für den praktischen Gebrauch, sondern sie bildet die Brücke von den elementaren Rechnungsarten zur höheren Mathematik.

Diese „Logarithmen für Jedermann" von Ernst Bindel sind ein Weg in das Reich der Logarithmen, der sowohl das geschichtliche Werden als auch Ausblicke in höhere Gebiete der Geometrie und Mathematik eröffnet. So wird der Leser auch zur Bernoullischen Spirale, zur Eulerschen Zahl und den natürlichen Logarithmen geführt. Die Schlußkapitel über den neungliedrigen Aufbau der Rechnungsarten und die Tonwahrnehmung sind ein glücklicher Griff Ernst Bindels, die Logarithmenrechnung mit der geistigen Natur des Menschen in Verbindung zu bringen.

Daß Mathematik gerade einmal nicht mehr zum Denkzwang benutzt wird, sondern voller Interesse für jeden Bildungshungrigen werden kann, das hat die Erprobung durch die Jahrzehnte bei Lehrern und Schülern gleicherweise gezeigt. Möge die Neuauflage dieser Absicht des Verfassers weiterhin dienen.

Stuttgart, Ostern 1983   Sigurd Bindel

Abschnitt 1. Was ist eine Potenz?

Schon in einem ägyptischen Papyrus aus dem zweiten vorchristlichen Jahrtausend findet sich eine Hindeutung auf das Rechengebilde, welches wir heute unter dem Namen „Potenz" kennen. Unter der Überschrift „Eine Leiter" lesen wir dort folgende Zusammenstellung:

Person...............	7
Katze.................	49
Maus	343
Gerste	2 401
Getreidemaß...........	16 807

Diese Aufstellung läßt sich folgendermaßen deuten:

7 Landleute mögen sich je 7 Katzen halten, von denen jede 7 Mäuse vertilge. Das gibt schon die stattliche Anzahl von $7 \cdot 7 \cdot 7$ oder 343 Mäusen. Wenn nun aus einer Gerstenähre oder einem Gerstenkorn im Laufe des Jahres 7 Maß Getreide entstehen, und jede Maus hätte bloß 7 Ähren bzw. Körner Gerste verzehrt, so wären durch das Vertilgen der 343 Mäuse insgesamt $343 \cdot 49 = 16\,807$ Maß Getreide vor dem Mäusefraß bewahrt geblieben.

Die obige Aufstellung ist eine Leiter oder eine Reihe von Potenzen einer und derselben „Grundzahl", der 7. Von der Leiter sind die ersten fünf Sprossen vorhanden:

1. Sprosse   7 oder 7^1 (lies „7 hoch 1")
2. ,, $7 \cdot 7$,, 7^2
3. ,, $7 \cdot 7 \cdot 7$,, 7^3
4. ,, $7 \cdot 7 \cdot 7 \cdot 7$,, 7^4
5. ,, $7 \cdot 7 \cdot 7 \cdot 7 \cdot 7$,, 7^5 (lies „7 hoch 5")

Die Sprossennummer wollen wir fortan „Hochzahl" nennen, weil sie rechts oben neben die Grundzahl geschrieben wird; Johannes Kepler, der große Astronom, schlug für sie eine ähnliche Bezeichnung, das Wort apex oder Gipfelzahl, vor. Dann wäre z. B. in der Potenz 7^5 die 7 die Grundzahl und die 5 die Hochzahl.

Vor einem Fehler mögen wir uns von allem Anfang an hüten, nämlich 7^5 mit $7 \cdot 5$ (7 mal 5) zu verwechseln:

$$7 \cdot 5 = 7 + 7 + 7 + 7 + 7 = 35$$
$$7^5 \;\;= 7 \cdot 7 \cdot 7 \cdot 7 \cdot 7 = 16\,807$$

Nur in zwei Fällen kommt beide Male dasselbe heraus:
   a) $1 \cdot 1 = 1$ und auch $1^1 = 1$
   b) $2 \cdot 2 = 4$ und auch $2^2 = 4$.

Noch in einem anderen Bilde, als es der alte Ägypter versucht, können wir die Reihe der aufeinanderfolgenden Potenzen einer und derselben Grundzahl veranschaulichen, im Bilde eines sich verästelnden Baumes oder einer sich verästelnden Pflanze. So lebt z. B. in der Mistel ein Gestaltungsprinzip, das Figur 1 zeigt. Dreimal verzweigt sich in der Zeichnung der Stamm;

das erste Mal entstehen   2 oder 2^1 Zweige
das zweite Mal entstehen   2 . 2 oder 2^2 oder 4 Zweige
das dritte Mal entstehen 2 . 2 . 2 oder 2^3 oder 8 Zweige

Die Grundzahl gibt dem ganzen Gebilde das Gepräge, die verschiedenen Hochzahlen kennzeichnen die einzelnen Verzweigungsstufen, und die verschiedenen Potenzen geben die Anzahl der auf jeder Verzweigungsstufe sichtbaren Zweige an. Dasselbe Bild erhält man ja bei der Aufstellung einer Ahnentafel.

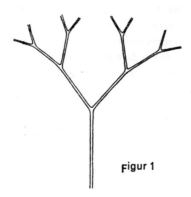

Figur 1

Dieses Bild eines sich verzweigenden Baumes führt uns überdies zum Verständnis einer wichtigen neuen Potenz. Der Stamm ist ja einerseits die 0. Verästelungsstufe und wird andererseits durch die Zahl 1 bezeichnet, woraus sofort einleuchtet, daß unter der Potenz 2^0 die Zahl 1 verstanden werden kann:

$$2^0 = 1$$
$$2^1 = 2$$
$$2^2 = 4$$
$$2^3 = 8$$

Erst diese Reihe von Potenzen beschreibt das ganze Gebilde.

Wir könnten uns auch einen Baum denken, bei dem immer aus einem Aste drei neue hervorgehen. Dieser würde dann durch folgende Reihe von Potenzen gekennzeichnet:

$$3^0 = 1 \text{ (Stamm)}$$
$$3^1 = 3 \text{ (1. Verästelung)}$$
$$3^2 = 9 \text{ (2. ,,)}$$
$$3^3 = 27 \text{ (3. ,,)}$$

Wir sehen also, daß auch von der Grundzahl 3 die 0. Potenz gebildet werden kann, und daß damit wieder die Stammzahl 1 bezeichnet wird. Auch von jeder anderen Grundzahl, der 4, der 5 usw., könnte eine solche 0. Potenz gebildet werden, und heraus würde jedesmal 1 als die Zahl des Stammes des betreffenden Baumes kommen:

$$2^0 = 3^0 = 4^0 = 5^0 = \ldots\ldots\ldots = 1$$

allgemein: $a^0 = 1$

Abschnitt 2. Negative Hochzahlen.

Auch ohne das Bild eines Baumes zu Hilfe zu nehmen, läßt sich verstehen, was eine 0. Potenz bedeutet. Wir brauchen nur z. B. die auf der Grundzahl 2 aufgebaute Potenzreihe rückwärts zu durchlaufen:

$$2^3 = 8$$
$$2^2 = 4$$
$$2^1 = 2$$

und dann so fortzusetzen, daß ihr Rhythmus erhalten bleibt. Dieser besteht darin, daß von Zeile zu Zeile die Grundzahl 2 unverändert bleibt, die Hochzahl sich um 1 erniedrigt und die Potenz auf die Hälfte des vorigen Wertes zurückgeht:

$$2^3 = 8$$
$$2^2 = 8 : 2 = 4$$
$$2^1 = 4 : 2 = 2$$

Wie muß also die nächste Zeile heißen?

$$2^0 = 2 : 2 = 1$$

Nichts hindert uns, noch weitere derartige „Potenzen" anzufügen, wenn wir dabei nur im Rhythmus bleiben. Links behalten wir also die Grundzahl 2 bei, erniedrigen die Hochzahl 0 um 1 zu −1. die Hochzahl −1 um 1 zu −2, die Hochzahl −2 um 1 zu −3 usw., und rechts gehen wir immer auf die Hälfte des vorigen Wertes zurück, d. h. von 1 auf $\frac{1}{2}$, von $\frac{1}{2}$ auf $\frac{1}{4}$, von $\frac{1}{4}$ auf $\frac{1}{8}$ usw. Dann kommen folgende neuen Potenzen zustande:

$$2^{-1} = \tfrac{1}{2}$$
$$2^{-2} = \tfrac{1}{4}$$
$$2^{-3} = \tfrac{1}{8}$$

Wir gelangen auf diesem Wege sogar zu Potenzen mit negativer Hochzahl. Die herauskommenden Brüche $\tfrac{1}{2}, \tfrac{1}{4}, \tfrac{1}{8}, \ldots\ldots$ sind wiederum die normalen Potenzen der Grundzahl $\tfrac{1}{2}$:

$$\tfrac{1}{2} = (\tfrac{1}{2})^1$$
$$\tfrac{1}{4} = \tfrac{1}{2} \cdot \tfrac{1}{2} = (\tfrac{1}{2})^2$$
$$\tfrac{1}{8} = \tfrac{1}{2} \cdot \tfrac{1}{2} \cdot \tfrac{1}{2} = (\tfrac{1}{2})^3$$

Daher gilt:

$$2^{-1} = (\tfrac{1}{2})^1$$
$$2^{-2} = (\tfrac{1}{2})^2$$
$$2^{-3} = (\tfrac{1}{2})^3.$$

Man kann also sagen, ein Minuszeichen vor einer Hochzahl hat auf die Grundzahl eine „umkehrende" Wirkung; z. B. ist $(\tfrac{3}{5})^{-2}$ dasselbe wie $(\tfrac{5}{3})^2 = \tfrac{5}{3} \cdot \tfrac{5}{3} = \tfrac{25}{9}$.

Eine Frage ist noch von Interesse: Welchen Zielen streben die Potenzen zu, wenn wir die Hochzahlen einer und derselben Grundzahl einerseits immer mehr ansteigen, andererseits immer mehr abnehmen lassen? Der Wert der Hochzahlen wächst ja dann ins Unendliche hinein, das eine Mal ins Positiv-Unendliche, das andere Mal ins Negativ-Unendliche. Der Mathematiker besitzt für das Unendliche ein Symbol, welches im 17. Jahrhundert von dem Engländer John Wallis geschaffen worden ist; es hat die Form einer liegenden Schleifenlinie: ∞. Die Zahlen ∞ und $-\infty$ sind somit die Ziele, denen die Hochzahlen zustreben sollen. Die Potenzen streben alsdann den Zielen 2^∞ und $2^{-\infty}$ zu. 2^∞ ist ein Produkt aus unendlich vielen Zweien und daher selber vom Werte ∞. $2^{-\infty}$ ist ein Produkt aus unendlich vielen Halben und daher vom Werte 0, wie übrigens auch aus dem Rhythmus der ganzen Potenzreihe hervorgeht:

Hochzahlen	$-\infty$	......	-4	-3	-2	-1	0	1	2	3	4	......	∞
Potenzen	0	......	$\frac{1}{16}$	$\frac{1}{8}$	$\frac{1}{4}$	$\frac{1}{2}$	1	2	4	8	16	......	∞

Abschnitt 3. Verbildlichung einer Potenzreihe.

Das letzte Reihenpaar stellt auf der Basis der Grundzahl 2 alle möglichen ganzzahligen positiven und negativen Hochzahlen mit den entsprechenden Potenzwerten zusammen. Tragen wir auf einer waagerechten Geraden in gleichen Abständen als senkrechte Längen die einzelnen Potenzzahlen auf, so entsteht folgendes Bild:

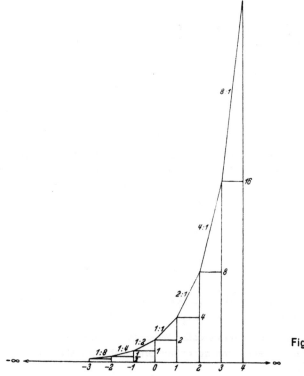

Figur 2

Auf der waagerechten Geraden erscheinen in gleichen Abständen die Hochzahlen, und die den senkrechten Längen zugrunde gelegte Maßeinheit stimmt mit der waagerechten Abstandseinheit überein. Das Auftragen der Senkrechten hat praktisch bald ein Ende, da nach rechts hin die Senkrechten schnell sehr lang, nach links hin sehr kurz werden. Für das Größerwerden der Senkrechten liegt ja das Gleiche vor wie in der Erzählung von der Erfindung des Schachspieles, derzufolge sich der Erfinder, ein indischer Weiser, von seinem Könige zur Belohnung für das erste Feld des Schachbrettes ein Weizenkorn, für das zweite zwei, für das dritte vier usw. erbat; er hätte dann folgende Summe von Körnern erhalten müssen:

$$2^0 + 2^1 + 2^2 + 2^3 + 2^4 + \ldots\ldots\ldots\ldots\ldots\ldots\ldots\ldots\ldots\ldots\ldots + 2^{63}$$

Diese Summe ist, wie man zeigen könnte, gleich $2^{64} - 1$ oder gleich

18 446 744 073 709 551 615;

das heißt, sie geht in die Trillionen. Mit dieser Anzahl von Körnern könnte man alles feste Land fast 1 cm hoch bedecken.

Wenn man die Endpunkte der benachbarten Senkrechten miteinander geradlinig verbindet, so werden ja nach rechts zu die einzelnen Verbindungslinien immer steiler. Wir wollen die einzelnen Steilheiten messend verfolgen. Wie Figur 3 zeigt, kann man die Steigung einer Strecke AC durch das Verhältnis messen, welches die Vertikale BC zur Horizontalen AB eingeht; die Steigung der Schrägen AC ist somit das Längenverhältnis BC : AB.

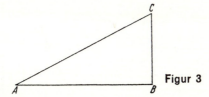

Figur 3

Bei unseren schrägen Verbindungsstücken ist das horizontale Stück allenthalben von der Länge 1, wogegen ihr Vertikales immer die halbe Länge der betreffenden Senkrechten einnimmt. So kommen für die Schrägen folgende Steigungen heraus:

$\frac{1}{16}:1, \frac{1}{8}:1, \frac{1}{4}:1, \frac{1}{2}:1, 1:1, 2:1, 4:1, 8:1,$

wofür man auch schreiben kann:

1 : 16, 1 : 8, 1 : 4, 1 : 2, 1 : 1, 2 : 1, 4 : 1, 8 : 1;

in dieser letzteren Form sind die Steigungen in der Figur 2 vermerkt. Schreibt man die Zahlenverhältnisse in Einzelzahlen um, so ergibt sich für die Steigungen der Verbindungsstücke die Reihe:

$\frac{1}{16}, \frac{1}{8}, \frac{1}{4}, \frac{1}{2}, 1, 2, 4, 8$

Die Steigung einer schrägen Verbindungslinie ist mithin ebensogroß wie die Länge der Senkrechten ihres Anfangspunktes. Jede Senkrechte gibt also bereits durch ihre Länge an, wie steil es von ihrem Endpunkte bis zum Endpunkte der folgenden Senkrechten hinaufgeht.

Wie wäre es, wenn wir die Aufeinanderfolge der schrägen Verbindungsstücke durch eine wohlgeschwungene krumme Linie, die durch die Endpunkte aller Senkrechten hindurchgeht, ersetzen würden? Es gibt zweifellos nur eine solche krumme Linie, und es ist nur eine Frage der Geschicklichkeit der Hand, ob wir diese Kurve treffen oder nicht. Der Idee nach ist sie auf jeden Fall vorhanden. Wir vermögen auch, ohne daß wir sie zeichnen, einzusehen, daß ihre Krümmung von einer Senkrechten zur anderen, ja,

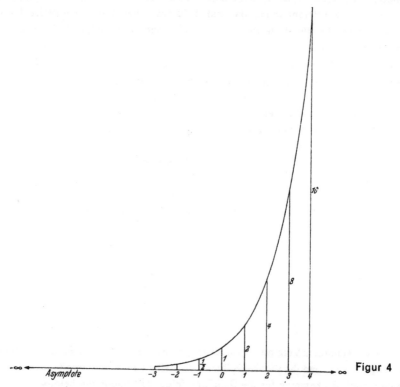

Figur 4

genau genommen, sogar zwischen zwei benachbarten Senkrechten von Punkt zu Punkt, wechselt. Sie scheint am stärksten nahe der Hochzahl 0 gekrümmt zu sein, also da, wo die Senkrechte 1 endet. Links und rechts von dieser Stelle nimmt ihre Krümmung schnell ab, bis zu dem Grade, daß sie weit draußen fast gerade erscheint. Dennoch besteht zwischen ihrer linken und ihrer rechten Geradwerdung ein wichtiger Unterschied. Nach links zu geht sie offenbar in eine wirkliche Gerade über, in die Hochzahlgerade; im Unendlichen ist sie mit ihr unterschiedslos verschmolzen. Nach rechts zu kann man jedoch keine solche sichtbare Gerade finden, in die sie mehr und mehr übergeht. Der Mathematiker nennt eine Gerade, in welche eine Kurve allmählich übergeht, um mit ihr im Unendlichen zu verschmelzen, eine Asymptote, auf deutsch eine Nichtzusammenfallende; sie ist eine Tangente, welche die Kurve erst im Unendlichen berührt. Unsere

Kurve besitzt also in der Hochzahlgeraden eine solche Asymptote und außerdem keine weitere. (Siehe Figur 4!)

Es muß unser Anliegen sein, dieser merkwürdigen Kurve nicht bloß zeichnerisch, sondern auch rechnerisch nachzuspüren. In unserem Reihenpaare

Hochzahlen $-\infty$ ..... -4 -3 -2 -1 0 1 2 3 4 ..... ∞
Potenzen 0 ..... $\frac{1}{16}$ $\frac{1}{8}$ $\frac{1}{4}$ $\frac{1}{2}$ 1 2 4 8 16 ..... ∞

haben wir nur erst eine Art Gerippe jener Kurve vor uns; es fehlt ihm jedoch noch Fleisch und Blut. Fassen wir alle die verschiedenen Hochzahlen in dem einen Buchstaben x zusammen, so lassen sich alle die dazugehörigen Potenzen in der einen Potenz $y = 2^x$ zusammenfassen; x durchläuft dabei nacheinander alle nur erdenklichen positiven und negativen ganzen Zahlen, und y nimmt dann jeweils den entsprechenden Potenzwert an. Unserer Kurve rechnerisch nachspüren, wird damit gleichbedeutend sein, für beliebige Zwischenwerte von x, etwa für $x = \frac{1}{2}$, entsprechende Potenzwerte zu ermitteln, d. h. beispielsweise die uns noch ganz rätselhafte Potenz $2^{\frac{1}{2}}$ mit Sinn zu erfüllen. Ehe wir jedoch daran gehen, wollen wir unsere Kurve noch einer Veränderung unterwerfen.

Abschnitt 4. Die Bernoulli'sche Spirale.

Wir denken uns einen Kreis, dessen Radius die Länge 1 besitzt, d. h. dieselbe Länge, welche die Abstandseinheit auf der Hochzahlgeraden bildet. Der Mittelpunkt M dieses Kreises liege unterhalb der Hochzahl 0 so, daß die Hochzahlgerade den Kreis im Hochzahlpunkte 0 berührt (siehe Figur 5!). Nun denken wir uns die Hochzahlgerade um den Kreis herum wie einen Faden auf eine Zwirnrolle gewickelt. Natürlich wird die Hochzahlgerade um den Kreis unendlich oft herumgespult werden können, da sie unendlich lang ist. Welches Stück von ihr wird den Kreis gerade einmal umschlingen? Das Stück von der Hochzahl 0 bis zur Hochzahl 3 wird nicht ganz den rechten Halbkreis umspannen, das Stück von der Hochzahl 0 bis zur Hochzahl -3 nicht ganz den linken Halbkreis. Jeder der beiden Halbkreise besitzt ja, genau genommen, die Länge von

$\pi = 3{,}14159\ldots$ Radien,

also von etwas mehr als drei Radien. In der Figur 5 ist trotzdem die Länge jedes Halbkreises zu drei Radien gerechnet, weil die Sechsteilung eines Kreises bekanntlich durch Abtragen seines Radius auf seinem Umfange schnell vollziehbar ist. Was wird beim Aufwickeln der Hochzahlgeraden aus den von ihr senkrecht wegstehenden Längen, die den betreffenden Potenzen entsprechen? Sie sollen nun auch von der kreisrund gemachten Hochzahllinie in den entsprechenden Punkten derselben senkrecht wegstehen wie die Stacheln vom Igel. So werden in den Hochzahlpunkten 0, 1, 2 und 3 des rechten Halbkreises die Längen 1, 2, 4 und 8 radial nach außen, d. h. in der Verlängerung des betreffenden Kreisradius, wegstehen. Ebenso wird es in den Hochzahlpunkten 0, -1, -2 und -3 des linken Halbkreises sein, wo die Längen 1, $\frac{1}{2}$, $\frac{1}{4}$ und $\frac{1}{8}$ radial nach außen wegstehen. Wieder kann man die Endpunkte der umgelagerten Senkrechten durch eine ganz bestimmte krumme Linie miteinander verbinden. Diese krumme Linie wird sich spiralig um den Kreis herumschlingen und zwar so, daß der Kreis für diese

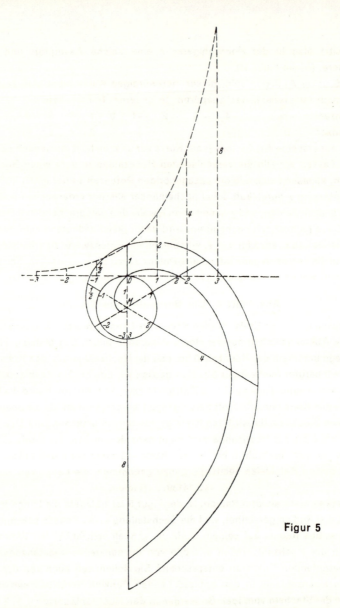

Figur 5

Spirale zu einer Asymptote wird. Nach der einen Richtung durchlaufen, eilt die Spirale in mächtigen Schwüngen von dem Kreise fort, wogegen sie sich, nach der entgegengesetzten Richtung durchlaufen, immer enger an ihn anschmiegt, ohne mit ihm je in Berührung zu kommen (siehe die äußere Spirale der Figur 5!).

Noch eine letzte Veränderung soll die Figur erfahren. Wir schieben jede der von der Kreislinie radial wegstehenden Potenzlängen um die Länge 1, also um die Länge des

Kreisradius, zurück, so daß sie nicht erst auf dem Kreisumfang, sondern schon im Kreismittelpunkte beginnen. So wird die Potenzlänge 1 vom Kreismittelpunkte M bis zum Hochzahlpunkte 0 reichen, die Potenzlänge 2 vom Kreismittelpunkte M aus um die Länge 1 über den Kreis hinausragen, die Potenzlänge 4 von M aus um die Länge 3 über den Kreis hinausragen usw. Die Potenzlängen $\frac{1}{2}$, $\frac{1}{4}$, $\frac{1}{8}$ usw. beginnen ebenfalls in M und erreichen natürlich wegen ihrer Kürze nicht mehr die Kreisperipherie. Verbinden wir jetzt wieder die Endpunkte aller dieser von M wegstehenden Längen durch eine krumme Linie, so entsteht eine Spirale, die der vorigen ähnlich ist. Nach links durchlaufen, umkreist sie den Punkt M in unzähligen, unfaßbar eng werdenden Windungen, ohne ihn je zu erreichen. Nach rechts durchlaufen, entfernt sie sich in gewaltigem Schwunge von M (siehe die innere Spirale der Figur 5)[*].

M möge im folgenden der Pol dieser Spirale genannt werden. Nennt man die von M ausgehenden Längen, weil sie radial verlaufen, allgemein r und die vom Hochzahlpunkte 0 des Kreises aus gemessenen Kreisbögen bis zu den einzelnen Hochzahlpunkten allgemein b, so ist jedes r mit seinem b durch die Beziehung

$$r = 2^b$$

verbunden, und darum nennt man diese Beziehung die „Gleichung" der inneren Spirale, so wie auch die Gleichung der Kurve, von der diese Spirale eine Abwandlung darstellt,

$$y = 2^x$$

war. Die vertikalen Längen y sind eben zu den radialen Längen r und die horizontalen Längen x zu den Kreisbögen b geworden. Die Gleichung der äußeren Spirale, deren Radien, von M aus gemessen, um 1 länger sind als die entsprechenden Radien der inneren Spirale, wäre demgemäß

$$r = 2^b + 1.$$

Man könnte dieselben Kurven- und Spiralenkonstruktionen anstatt für die Grundzahl 2 auch für jede andere Grundzahl, etwa für die Grundzahl 3, durchführen. Dann läge der Zeichnung das Reihenpaar zugrunde:

Hochzahlen $-\infty$ ..... -3 -2 -1 0 1 2 3 4 .... ∞
Potenzen 0 ..... $\frac{1}{27}$ $\frac{1}{9}$ $\frac{1}{3}$ 1 3 9 27 81 .... ∞

Die sich ergebende Kurve besäße alsdann die Gleichung

$$y = 3^x$$

und die daraus hervorgehende innere Spirale die Gleichung

$$r = 3^b$$

Läßt man die Grundzahl offen, indem man sie durch die Buchstabenzahl a bezeichnet, so heißt die Gleichung der Kurve

$$y = a^x$$

---

[*] Die Figur 5 bietet natürlich die beiden Spiralen in einer, wenn auch nicht allzu großen, Verzerrung dar, da als Bogen b von der Länge 1 der zu einem Winkel von 60 Graden gehörige Bogen zugrunde gelegt wurde, während dieser Winkel nur 57° 17' 44,8" betragen dürfte. Dieser Winkel kommt heraus, wenn man die Gradzahl eines Vollwinkels, also 360°, durch einen hinreichend genauen Wert von 2π teilt; denn wenn ein Bogen von der Länge 2π Radien, d. h. eben der volle Kreisumfang, 360 Graden entspricht, so entspricht ein Bogen von der Länge eines einzigen Radius — und um diesen handelt es sich ja bei unserer Spiralenkonstruktion — nur einem Winkel von $\frac{360}{2\pi}$ Graden. Unsere 60 Grade wären richtig, wenn π genau vom Werte 3 gewesen wäre.

und die Gleichung der ihr entsprechenden inneren Spirale

$$r = a^b$$

Diese Art Spiralen ist von dem großen Mathematiker Jakob Bernoulli (1654—1705) untersucht worden. Seitdem nennt man sie auch Bernoulli'sche Spiralen.

Mit Hilfe höherer Mathematik entdeckte Bernoulli an dieser Art Spiralen eine Fülle erstaunlicher Eigenschaften, von denen hier einige zu beschreiben versucht seien, ohne daß hier mit elementaren Mitteln eine Begründung gegeben zu werden vermag.

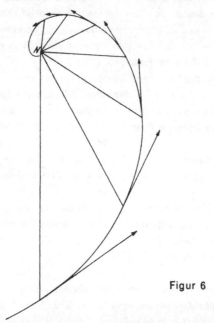

Figur 6

1. Eigenschaft: Wir wollen die geradlinige Verbindungslinie des Poles einer solchen Spirale mit einem beliebigen Spiralenpunkte kurzerhand einen Radius der Spirale nennen; wir hatten ja für diese „Radien" auch bereits die Buchstabenbezeichnung r gewählt. Bernoulli zeigte als erstes, daß alle Spiralenradien mit der zu ihnen gehörenden Spiralentangente einen gleich großen Winkel bilden. Wegen dieser Eigenschaft nannte er diese Art Kurven Loxodromen (wörtlich übersetzt: schief Laufende!). Wir gewinnen eine Vorstellung von einer solchen Linie, wenn wir uns ein Schiff fahrend denken, das seinen Kurswinkel gegen die Nordrichtung während der Fahrt beibehält, etwa immer genau nach Nordosten fährt. Es wird dann den Nordpol in unzähligen, unfaßbar eng werdenden Windungen umkreisen müssen. Die Fahrlinie liegt allerdings dann auf einer Kugeloberfläche und wird sphärische Loxodrome im Gegensatz zur obigen Loxodrome, die in einer ebenen Fläche liegt, genannt werden müssen. In der Nähe des Nordpoles wird sich allerdings die sphärische Loxodrome von der ebenen kaum unterscheiden, da ein kleines Stück der Erdoberfläche als eben angesehen werden kann (Figur 6).

2. Eigenschaft: Wir mögen in einem beliebigen Spiralenpunkte die Tangente ziehen und gleichsam das Spiegelbild unserer Spirale in bezug auf die Tangente, die als Spiegel wirken soll, zeichnen. Die Tangente können wir nun wieder fortlassen. Alsdann liegt die eine Spirale berührend und in der Gegenlage auf der anderen. Nun rolle die eine Spirale wie ein Rad auf der anderen Spirale, die ruhig liegen bleiben soll, entlang, ohne dabei ins Gleiten zu kommen. Dann beschreibt der Pol der rollenden Spirale seinerseits eine von Bernoulli als Zykloidale bezeichnete Kurve, die wunderbarerweise wieder eine Spirale von genau derselben Form wie die rollende Spirale und die Unterlagespirale ist (Figur 7).

3. Eigenschaft: Wieder ziehen wir in einem beliebigen Spiralenpunkte B die Tangente (Figur 8). Die Senkrechte auf einer Tangente in ihrem Berührungspunkte mit der Kurve pflegt in der Mathematik die Normale der Kurve in dem betreffenden Kurvenpunkte genannt zu werden. Während eine Tangente die Kurve nur streift, zielt eine Normale sozusagen quer in sie hinein. Nun hat ja die Spirale in dem Kurvenpunkte, dessen Tangente und Normale gezogen worden sind, eine ganz bestimmte Krümmung, und es läßt sich ein Kreis von genau der gleichen Krümmung denken. Der Radius dieses Kreises heißt der Krümmungsradius der Spirale. Tragen wir diesen Radius von dem Spiralenpunkte B aus einwärts auf der Normalen ab, so gelangen wir zu einem sogenannten Krümmungsmittelpunkte K der Spirale; ein Kreis um ihn herum mit dem besagten Krümmungsradius KB als Radius würde sich an die Spirale in dem Ausgangspunkte B anschmiegen. Er heißt deshalb auch Krümmungskreis oder Schmiegungskreis der Spirale für die Stelle B; zuweilen hat man ihn auch ganz poetisch als Oskulationskreis (von dem lateinischen osculari = küssen) bezeichnet. Natürlich hat unsere Spirale für jeden ihrer Punkte ihre besondere Tangente, ihre besondere Normale, ihren besonderen Krümmungsradius, ihren besonderen Krümmungsmittelpunkt und ihren besonderen Krümmungskreis, wobei der Krümmungsmittelpunkt stets auf der Normalen liegt und vom Kurvenpunkte um den Krümmungsradius entfernt ist. Wenn zu jedem Kurvenpunkte B ein Krümmungsmittelpunkt K gehört, so gehört zu der Gesamtheit der Kurvenpunkte, d. h. zur Ausgangskurve, die Gesamtheit ihrer Krümmungsmittelpunkte, die miteinander wieder eine Kurve, die Krümmungsmittelpunktskurve, bilden; letztere trägt auch den Namen Evolute. Bernoulli zeigte nun, daß die Evolute seiner Spirale wieder eine Spirale von genau der gleichen Form ist. Zur Figur 8, die dies veranschaulicht, sei noch erläuternd bemerkt, daß die Länge des Krümmungsradius BK sich nur durch höhere Mathematik genau ermitteln läßt. Tangente und Normale im Punkte B der Ausgangskurve lassen sich zur Not noch nach Augenmaß ziehen. Wie weit man aber von B aus auf der Normalen einwärts zu gehen hat, um auf ihr zum Krümmungsmittelpunkte K zu gelangen, das ist ohne höheres Rechnen nicht genau zu ermitteln. Rein zeichnerisch könnte man sich dadurch helfen, daß man auf der Ausgangsspirale zu beiden Seiten von B zwei andere Punkte A und C nahe bei B markiert und nun durch die drei Punkte A, B und C den Kreis zeichnet; dieser Kreis wäre dann eine Annäherung an den gesuchten Krümmungskreis. Es verdient noch festgestellt zu werden, daß jeder solcher

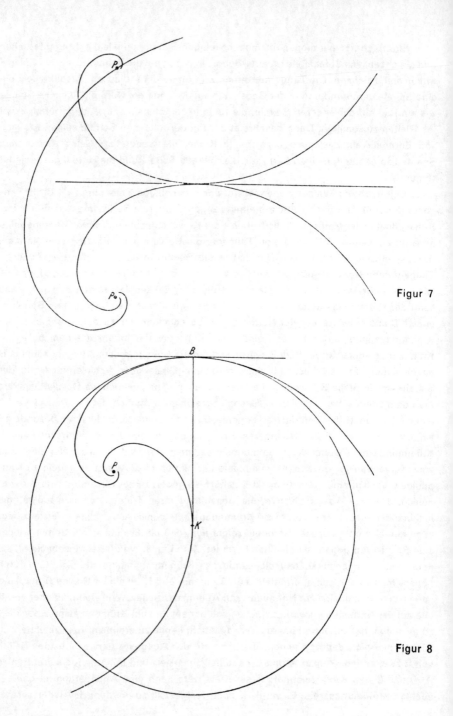

Figur 7

Figur 8

Krümmungskreis durch seinen Punkt B die Ausgangsspirale in zwei Hälften teilt, eine Hälfte, die ganz und gar, samt dem Pol, im Innern des Kreises liegt, und eine andere Hälfte, die ganz und gar außerhalb des Kreises verläuft.

4. Eigenschaft: Anstatt den Krümmungsradius BK auf der Normale einwärts zum Krümmungsmittelpunkte K hin abzutragen, kann man ihn vom Kurvenpunkte B aus auch nach der entgegengesetzten Richtung, nach auswärts, auftragen und kommt so gleichsam zum Spiegelbilde K' des Krümmungsmittelpunktes K an der Tangente als Spiegel. Jeder der unendlich vielen Krümmungsmittelpunkte K der Spirale hat, so gesehen, seinen Gegenpunkt, sein Spiegelbild K'. Die Gesamtheit dieser Spiegelbilder K' könnte

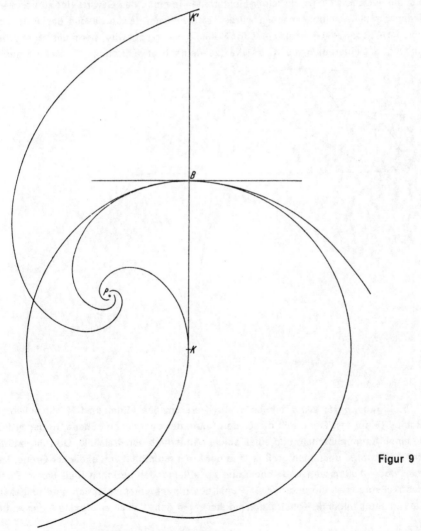

Figur 9

— so sagt Bernoulli — als das Spiegelbild der in 3. entwickelten Evolute an der Ausgangsspirale bezeichnet werden und wird von ihm Anti-Evolute genannt; sie ist wiederum eine Spirale von derselben Form wie alle bisherigen (Figur 9).

5. Eigenschaft: Wir denken uns den Pol unserer Spirale als Lichtquelle, die gegen den Spiralenbogen Licht sendet, das wiederum an der Spirale nach dem bekannten Reflexionsgesetz (Einfallswinkel = Reflexionswinkel) zurückgeworfen wird. Das „Einfallslot" für jeden auf die Kurve fallenden Lichtstrahl wird natürlich durch die betreffende Normale gebildet. Alle zurückgeworfenen Strahlen hüllen dann miteinander wieder eine Spirale von derselben Form wie die spiegelnde Spirale ein. Diese eingehüllte Spirale, welche sich als ein feiner Lichtstreifen inmitten des Gewirrs der zurückgeworfenen Strahlen sichtbar machen würde, ist gleichsam das reelle Bild des Poles, das von der Ausgangsspirale als einer Art Hohlspiegel erzeugt wird. Bernoulli nennt diesen spiraligen Lichtstreifen die **Kaustika** (zu deutsch etwa Brennlinie). Siehe Figur 10!

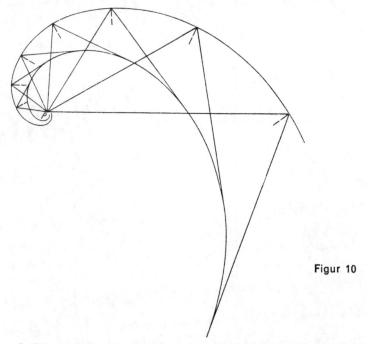

Figur 10

6. Eigenschaft: Wir zeichnen einen Kreis um den Mittelpunkt M mit beliebigem Radius (Figur 11). Dann teilt dieser den Raum der unendlichen Ebene, in der er liegt, in einen Raum außerhalb und einen solchen innerhalb der Kreislinie. Obwohl natürlich der Außenraum unendlich groß ist und der Innenraum bloß von endlicher Größe, kann man doch Außenraum und Innenraum so aufeinander beziehen, daß jedem Punkte des Außenraumes ein und nur ein Punkt des Innenraumes entspricht und umgekehrt. Das ist durch folgende Konstruktion möglich. Man ziehe von einem Punkte A des Außenraumes an den Kreis eine der beiden möglichen Tangenten bis zum Berührungspunkte B und versehe das rechtwinklige Dreieck ABM mit seiner Höhe BI. Der Fußpunkt I dieser Höhe muß dann ein Punkt des Kreisinnern sein. Wir ordnen ihn dem Außenpunkte A als denjenigen Punkt zu, der ihm im Innenraum des Kreises entspricht. So kann man zu jedem Außenpunkte A einen und nur einen entsprechenden Innenpunkt I finden. Es leuchtet wohl ein, daß auf Grund dieser Konstruktion ein Punkt des Kreisrandes sich selber entspricht, und daß, je weiter nach außen der Punkt A zu liegen kommt, desto weiter nach innen, d. h. desto näher an M, sein Innenpunkt I liegen muß. Die ganze unendliche Ferne bildet sich in M selber ab. Nun mögen wir irgendeine unserer Spiralen so in den Kreis einlagern, daß ihr Pol in den Kreismittelpunkt M fällt. Dann wird ein Teil der Spirale ins Innere des Kreises, der restliche Teil in das Kreisäußere fallen. Bildet man nun jeden Innenpunkt I der Spirale nach außen und jeden Außenpunkt A der Spirale nach innen ab, so erfüllen alle diese Abbilder wieder eine Spirale von derselben Form und demselben Pol; beide Spiralen überschneiden sich natürlich auf der Kreislinie*.

Bernoulli veröffentlichte in seiner Abhandlung über diesen Gegenstand eine Figur, welche die unter Nr. 2 bis Nr. 5 aufgezählten Eigenschaften dieser Spiralenart zur Anschauung bringt. Wir sind in der Lage, hier diese Originalfigur Bernoulli's wiederzugeben. Die Spiralen, welche sich auf ihr finden, weisen eine andere Basiszahl als diejenige der Figuren 6 bis 11 auf. Der Winkel zwischen Spiralenradius und Spiralen-

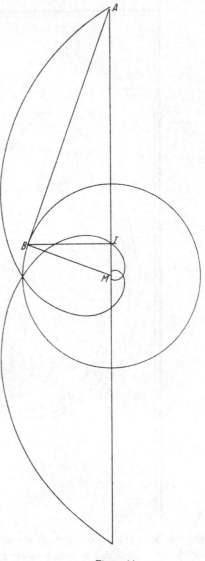

Figur 11

---

* Die Spiralen, welche in den Figuren 6 bis 11 abgebildet worden sind, beruhen sämtlich auf der Grundzahl 2; ihre Gleichungen haben also wie die Innenspirale der Figur 5 die Form $r = 2^b$. Im Gegensatz zu dieser wurde jedoch bei ihnen versucht, eine möglichst unverzerrte Konstruktion auf der Grundlage des Wertes $\pi = 3,14\ldots$ zu liefern.

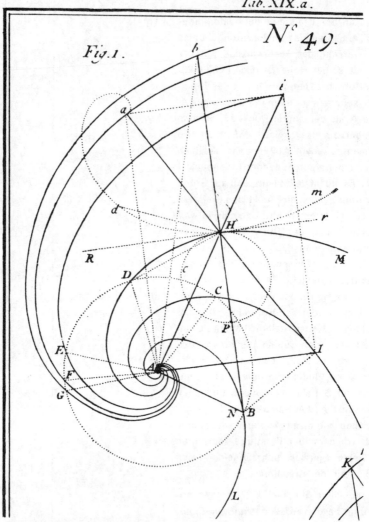

tangente beträgt bei ihnen etwa 57 bis 58 Grade; er kommt bei einer Basis, die um 1,9 herum liegt, zustande. In der Bernoullischen Figur sehen wir eine Windung jener Spirale nicht weniger als sechs Male hingezeichnet. Die sechs Spiralen haben alle denselben Pol A. Die vierte Spirale von oben, welche die vier Buchstaben **ADHM** trägt, bildet allemal die Ausgangsspirale; Bernoulli nennt sie die **Exposita**. Über ihr finden wir also drei Spiralen, unter ihr zwei. Die unterste von allen ist die Evolute der Exposita, die oberste die Anti-Evolute. Die zweite Spirale von oben ist die Zykloidale, die zweite Spirale von unten die Kaustika. Bernoulli nennt die Zykloidale auch **Anti-Kaustika**, weil die zur Kaustika führende Strecke HI, in der Gegenrichtung aufgetragen, auf der

Zykloidalen endet. Trägt man dagegen die Strecke AH, die reflektiert zu HI wird und damit zur Kaustika führt, in der Gegenrichtung auf, so gelangt man zu einem Punkte i, der die dritte Spirale von oben konfiguriert; Bernoulli nennt sie Peri-Kaustika.

Der große Forscher war von den ihm entgegentretenden Gesetzmäßigkeiten so ergriffen, daß er dieser Spiralenart den Namen wunderbare Spirale, spira mirabilis, gab. Die Worte, mit denen er seine mathematische Untersuchung abschloß, bilden ein so denkwürdiges kulturgeschichtliches Dokument, daß sie hier in aller Vollständigkeit wiedergegeben werden sollen. Die Übersetzung des lateinischen Textes lautet:

„Da mir diese wunderbare Spirale wegen ihrer einzigartigen und staunenerregenden Eigentümlichkeit so gefällt, daß ich nicht satt werden kann, mich in sie zu versenken, kam ich auf den Gedanken, man könne sie durchaus sinnvoll dazu verwenden, verschiedene Erscheinungen symbolisch darzustellen.

Da sie nämlich immer eine ihr selber ähnliche und gleiche hervorbringt, wie immer sie sich dreht, wendet, strahlt, wird sie ein Bild sein können für das Kind, das in allem den Eltern ähnlich ist: die Tochter, völlig ähnlich der Mutter.

Oder sie ist — wenn es gestattet ist, eine Erscheinung ewiger Wahrheit (die Kurve!) heranzubringen an Geheimnisse des Glaubens — gewissermaßen ein abgeschattetes Bild der ewigen Zeugung des Sohnesgottes selbst, der gleichsam das Abbild des Vatergottes wird und, von ihm wie Licht vom Lichte ausstrahlend, ihm wesensgleich wird.

Oder aber, da unsere wunderbare Kurve bei ihrer Wandlung in Gestalt und Ausmaß sich ständig gleich bleibt, wird sie das Symbol sein können für Tapferkeit und Beständigkeit in Widerwärtigkeiten oder dafür, daß unser Leib durch mannigfache Wandlungen und schließlich durch den Tod geht, dann aber aufersteht gemäß seiner Urzahl.

Ja, wenn es heute gebräuchlich wäre, den Archimedes nachzuahmen, so würde ich diese Spirale in meinen Grabstein einmeißeln lassen mit der Inschrift: ,Dem Maße nach unverändert und doch gewandelt wird sie auferstehen'."

Wenige Tage vor seinem Tode bat dieser geistdurchleuchtete Mathematiker seine Freunde, nachdem „er sich ganz und gar der Meditation über den Tod hingegeben hatte", sie möchten diese Spirale, einem Kreise eingeschrieben und mit der Umschrift „EADEM MUTATA RESURGO" (Als dieselbe stehe ich verwandelt wieder auf) seinem Grabsteine einmeißeln lassen. So finden wir noch heute im Kreuzgange des Baseler Münsters den Bernoulli'schen Grabstein mit der erbetenen Umschrift. Nur war es dem Steinmetz technisch nicht möglich, die gewünschte Spirale anzubringen, da sie von zu starkem Schwunge ist; statt ihrer ist eine gewöhnliche Spirale eingemeißelt (siehe Abbildung Seite 26).

Abschnitt 5. Die Eigenschaften einer Potenzreihe.

Etwa 150 Jahre, bevor Jakob Bernoulli seine Untersuchung der Potenzspiralen so denkwürdig abschloß, ließ sich ein anderer Mathematiker, Michael Stifel, seinem Hauptberufe nach Wanderprediger und Kampfgenosse Martin Luthers, über die beiden Reihen, welche der Konstruktion der Spiralen zugrunde liegen, voll von Ahnungen

dessen, was sie an Möglichkeiten enthalten, vernehmen. Es geschah in seinem 1544 veröffentlichten, von Philipp Melanchthon mit einer Vorrede versehenen Buche „Arithmetica integra" (vollständige Zahlenlehre). Dort findet sich genau dasjenige Reihenpaar, mit dem wir bisher operiert haben:

Hochzahlen	−3	−2	−1	0	1	2	3	4	5	6
Potenzen	$\frac{1}{8}$	$\frac{1}{4}$	$\frac{1}{2}$	1	2	4	8	16	32	64

Stifel prägte hier für die Zahlen der oberen Reihe ein Wort, das sich seitdem in der Mathematik Bürgerrecht erworben hat, das Wort Exponent; weil diese Zahlen aus den

Potenzen „herausgesetzt", exponiert worden sind, tragen sie diesen Namen. Unter der Gegenüberstellung der beiden Reihen findet sich auf lateinisch ein bedeutsamer Satz, der in deutscher Übersetzung lautet:

„Es wäre möglich, hier ein fast ganz neues Buch über die wunderbaren Eigenschaften dieser Zahlen zu schreiben. Aber ich muß mich hier hinwegschleichen und mit geschlossenen Augen von dannen gehen."

Ist es nicht erstaunlich, daß Stifel hier dasselbe Wort gebraucht, welches 150 Jahre später über den gleichen Gegenstand Bernoulli äußerte! Stifel spricht von dem „mirabilia numerorum", den wunderbaren Eigenschaften der Zahlen, und Bernoulli nennt den Bildausdruck dieser Zahlen „spira mirabilis", wunderbare Spirale.

Welche „mirabilia" scheint Stifel in seinem Satze gemeint zu haben? Das ist heute leicht zu sagen, nachdem das Ganze ausgearbeitet vorliegt. Es handelt sich ihm offenbar darum, daß mit den Potenzen anders gerechnet werden muß als mit den Hochzahlen. Wie das zu verstehen ist, soll das Folgende zeigen:

1. Es handele sich beispielsweise um das Produkt $2^3 \cdot 2^5$! Es kommt 2^8 heraus; denn es gilt:

$$2^3 \cdot 2^5 = (2 \cdot 2 \cdot 2) \cdot (2 \cdot 2 \cdot 2 \cdot 2 \cdot 2) = 2 \cdot 2 \cdot 2 \cdot 2 \cdot 2 \cdot 2 \cdot 2 \cdot 2 = 2^8$$

Potenzen mit derselben Grundzahl werden also multipliziert, indem man ihre Hochzahlen addiert:

Potenzrechnung $\qquad 2^3 \cdot 2^5 = 2^8$

Hochzahlrechnung $\qquad 3 + 5 = 8$

Eine Addition zweier Hochzahlen weist also auf die Multiplikation zweier Potenzen derselben Grundzahl zurück.

2. Aus allem dem geht ohne weiteres hervor, daß Potenzen mit gleicher Grundzahl dividiert werden, indem man ihre Hochzahlen subtrahiert, z. B.:

Potenzrechnung $\qquad 2^8 : 2^3 = 2^5$

Hochzahlrechnung $\qquad 8 - 3 = 5$

Eine Subtraktion zweier Hochzahlen weist also auf eine Division zweier Potenzen derselben Grundzahl zurück.

3. Nun liegt es nahe, aufzusuchen, worauf wohl eine Multiplikation zweier Hochzahlen zurückweist. Das wird uns klar, wenn wir etwa die Aufgabe $(2^3)^5$ vornehmen. Heraus kommt 2^{15}. Denn es gilt:

$$(2^3)^5 = 2^3 \cdot 2^3 \cdot 2^3 \cdot 2^3 \cdot 2^3 = 2^{15}$$

Eine Potenz wird also nocheinmal potenziert, indem man die alte Hochzahl mit der neuen Hochzahl multipliziert:

Potenzrechnung $\qquad (2^3)^5 = 2^{15}$

Hochzahlrechnung $\qquad 3 \cdot 5 = 15$

Eine Multiplikation zweier Hochzahlen weist also auf eine nochmalige Potenzierung einer Potenz zurück.

4. Worauf weist nun wohl eine Division zweier Hochzahlen zurück? Das enthüllt sich einem erst, wenn man das Potenzieren auch rückwärts beherrscht. Erhebe ich z. B. die Grundzahl 4 in die 3. Potenz, so rechne ich 4.4.4 aus, indem ich, von der 4 ausgehend, zunächst 4.4 = 16 berechne und nun noch 16.4 = 64 ermittle. Man durchschreitet also bei der Potenzierung von 4 die einzelnen Potenzen von 4 bis zur 64 hin. Stellen wir uns gemäß Abschnitt 1 die Stufenfolge der einzelnen Potenzen von 4 im Bilde eines wachsenden Baumes vor, so heißt, die Aufgabe $4^3 = 64$ erledigen, den Baum vom Stamm zur Krone hin durchlaufen; denn wir enden mit der Kronenzahl 64. Dieses Potenzieren rückwärts betreiben, würde bedeuten, aus der Kronenzahl 64 durch ein dreimaliges Dividieren zur 1, also zur Stammzahl, zurückzugelangen. Das geht nur, wenn man die 64 dreimal durch 4 dividiert:

$$64 : 4 = 16$$
$$16 : 4 = 4$$
$$4 : 4 = 1$$

Man durchläuft also bei diesem rückwärtigen Potenzieren den Baum von der Krone zum Stamme und damit zur Wurzel hin. Darum nennt man das rückwärtige Potenzieren auch Wurzelberechnung oder Radizieren (von lat. radix = Wurzel). Ob man sagt:

4, in die 3. Potenz erhoben, ergibt 64,

oder   64, in die 3. Wurzel versetzt, ergibt 4,

bleibt sich gleich. Man kann in der Schreibweise den Vorwärtsprozeß vom Rückwärtsprozeß folgendermaßen unterscheiden:

$$4^3 = 64$$
$$^3 64 = 4$$

Man setze also die Hochzahl nicht rechts oben, sondern links oben hin. Zum Überfluß fügen die Mathematiker noch den Buchstaben r als Anfangsbuchstaben des Wortes radix links hinzu, um das Rückwärtsrechnen zu unterstreichen:

$$_r^3 64 = 4$$

oder stilisiert $\sqrt[3]{64} = 4$ (lies: 3. Wurzel aus 64 ist 4!)

Wenn wir nun noch 64 und 4 als Potenzen von 2 schreiben, wird daraus:

$$\sqrt[3]{2^6} = 2^2$$

Eine Potenz wird also radiziert, indem man ihre Hochzahl durch die Hochzahl der Wurzel dividiert:

Potenzrechnung $\sqrt[3]{2^6} = 2^{6:3} = 2^2$

Hochzahlrechnung $6 : 3 = 2$

Eine Division zweier Hochzahlen weist also auf eine Radizierung einer Potenz hin.

Zusammenstellung:

Einer Multiplikation zweier Potenzen entspricht eine Addition zweier Hochzahlen.
Einer Division zweier Potenzen entspricht eine Subtraktion zweier Hochzahlen.

Einer Potenzierung einer Potenz entspricht eine Multiplikation zweier Hochzahlen.
Einer Radizierung einer Potenz entspricht eine Division zweier Hochzahlen.
Was einem bei dieser Übersicht sofort in die Augen fällt, ist die Vereinfachung der Rechnungsart beim Übergange von der Potenz zur Hochzahl. Um uns dies klar zum Bewußtsein zu bringen, wollen wir die vorhandenen Rechnungsarten so ordnen, wie es ihrem inneren Zusammenhange und auch dem damit parallel laufenden Grade ihrer Schwierigkeit entspricht, indem wir bei der leichtesten und grundlegenden Rechnungsart, der Addition, beginnen und bis zur schwierigsten und auch letzten Rechnungsart, dem Radizieren, aufsteigen:

> Addition
> Subtraktion
> Multiplikation
> Division
> Potenzieren
> Radizieren

Wenden wir diese sechs Rechnungsarten das eine Mal auf Potenzen, das andere Mal auf Hochzahlen an — immer die Beibehaltung der Grundzahl, in unserem Beispiel der 2, vorausgesetzt —, so ergibt sich auf Grund unserer Übersicht folgender Zusammenhang:

Addition	von Potenzen	Addition	von Hochzahlen
Subtraktion	,, ,,	Subtraktion	,, ,,
Multiplikation	,, ,,	Multiplikation	,, ,,
Division	,, ,,	Division	,, ,,
Potenzierung	einer Potenz	Potenzierung	,, ,,
Radizierung	,, ,,	Radizierung	,, ,,

Wir erkennen aus dieser Gegenüberstellung, daß beim Übergange von den Potenzen zu ihren Hochzahlen sich eine Rechnungsart in eine um 2 Stufen niedrigere und leichtere verwandelt. Außerdem ersehen wir, daß dem Addieren und dem Subtrahieren von Potenzen auf der Seite der Hochzahlen nichts entspricht. Eine Vereinfachung der beiden untersten Stufen des Rechnens um zwei Stufen ist ja auch schlechterdings undenkbar. Diese Unmöglichkeit hängt im Grunde damit zusammen, daß die Potenzen Gebilde darstellen, welche aus der Rechnungsart der Multiplikation hervorwachsen, ist doch die Potenz 4^3 nichts weiter als die Multiplikation 4mal4mal4. So ist es verständlich, daß die Potenzen mit der Multiplikation und ihrer Rückwendung, der Division, leicht und mühelos eine Verbindung eingehen; Multiplikationen und Divisionen von Potenzen gleicher Grundzahl sind wie Verbindungen chemisch verwandter Elemente. Dem Addieren und seiner Rückwendung, dem Subtrahieren, stehen dagegen die Potenzen verhältnismäßig fern; die Summe $2^3 + 2^5$ ist nicht wieder eine Potenz von 2.

Es ist nun nicht mehr nötig, sich mit den schwierigen Multiplikationen, Divisionen, Potenzierungen und Radizierungen herumzuplagen. Der bloße Übergang von den Potenzen zu ihren Hochzahlen macht daraus Additionen, Subtraktionen, Multiplikationen und Divisionen. Diese Eigenschaft der Hochzahlen, das praktische Rechnen zu erleichtern, läßt es gerechtfertigt erscheinen, ihnen einen neuen Namen zu geben, der diese Eigenschaft ausdrückt; man kann sie Ersatzzahlen nennen. Die Potenzen sind die Zahlen, mit denen das Rechnen schwierig ist; die Hochzahlen sind ihre Ersatzzahlen, mit denen das Rechnen leichter wird. Statt von Potenzen und ihren Hochzahlen zu sprechen, kann man einfach von Zahlen und ihren Ersatzzahlen sprechen. So ist z. B. 5 die Ersatzzahl der Zahl 32 unter Zugrundelegung der Basis 2, weil eben $2^5 = 32$ ist, 3 die Ersatzzahl der Zahl 8 unter Zugrundelegung der Basis 2, weil eben $2^3 = 8$ ist,

Also entweder $2^5 = 32$ oder $5 =$ Ersatzzahl von 32 (Basis 2)
entweder $2^3 = 8$ oder $3 =$ Ersatzzahl von 8 (Basis 2).

Statt der Worte Zahl und Ersatzzahl bedient man sich in der Mathematik zweier Fremdworte gleichen Sinnes, der Worte Numerus (Zahl) und Logarithmus (Ersatzzahl). Das erstere von beiden ist ohne weiteres verständlich. Das letztere bedarf erst noch der Erklärung, die wir jedoch zunächst noch aufschieben. Unter Zugrundelegung dieser beiden Fachausdrücke, die sich in der Mathematik seit etwa drei Jahrhunderten eingebürgert haben, müssen wir in unseren beiden Beispielen sagen:

entweder $2^5 = 32$ oder $5 =$ Logarithmus des Numerus 32 (Basis 2)
entweder $2^3 = 8$ oder $3 =$ Logarithmus des Numerus 8 (Basis 2).

Die neue Schreibweise kürzt man natürlich ab:

$5 = {_2}\log 32$ (lies ,,Logarithmus von 32 auf Basis 2"!)
$3 = {_2}\log 8$

Zwischen den drei Zahlen des ersten Beispieles, 2, 5 und 32, besteht eine Rechenbeziehung, welche nunmehr auf dreifache Art ausgedrückt werden kann:

1) 32 ist die 5. Potenz der Zahl 2 $\qquad 32 = 2^5$
2) 2 ist die 5. Wurzel der Zahl 32 $\qquad 2 = \sqrt[5]{32}$
3) 5 ist der Logarithmus der Zahl 32 auf der Basis 2 $\quad 5 = {_2}\log 32$

Außer diesen drei Verknüpfungsarten der drei Zahlen 2, 5 und 32 kann es keine weitere geben. Die Wurzelrechnung ergab sich uns als eine Rückwendung des Potenzierens. Wir lernen nun daneben eine andere Rückwendung desselben Potenzierens kennen, das Logarithmieren, d. h. den Übergang von einer Zahl zu ihrer Ersatzzahl, von einem Numerus zu seinem Logarithmus.

Es war wenige Jahrzehnte nach Stifel's Tode, daß man an Hand eines Reihenpaares ähnlich dem, wie es auch uns vorgelegen hat, dem Ersatzzahlencharakter der Glieder der einen Reihe auf die Spur kam. Am Beginne des 17. Jahrhunderts entdeckten sogar zwei Mathematiker, der Schweizer Joost Bürgi und der Schotte Lord Neper, fast gleichzeitig und unabhängig voneinander die dargelegten Zusammenhänge. Lord Neper war es dann auch, der im Jahre 1614 in seiner Abhandlung ,,Mirifici logarithmorum canonis descriptio" (Beschreibung des wunderbaren Verzeichnisses der Logarithmen) die Bezeichnungen Numerus und Logarithmus schuf. Bei ihm hat das Wort Logarithmus noch den Sinn von Verhältnis-Zahl; die Wahl des Wortes erklärt sich aus dem Berechnungsverfahren, durch das er zu dieser Zahl gelangte. Das Wort Logarithmus setzt sich ja aus den beiden griechischen Worten logos und arithmos zusammen. Ersteres drückte dem Griechen ein Verhältnis zweier Zahlen aus, wie es uns z. B. in der Steigung einer schrägen Strecke entgegentrat, wogegen letzteres die Zahl schlechthin bezeichnete. Der Weg, den Lord Neper einschlug, war verschlungen und führte durch viel Gestrüpp hindurch, ehe das Neuland mit freiem Überblick überschaut werden konnte. Erst allmählich wurde man sich des Zusammenhanges des Logarithmus mit der Potenz und der Wurzel bewußt, und so war es erst Euler im Jahre 1748, der das Logarithmieren als eine neben der Wurzelrechnung bestehende zweite Umkehrung des Potenzierens kennzeichnete, so, wie es heute durchgängig anerkannt und gelehrt wird. Aber mit dieser Klärung der Anschauungen hat das von Lord Neper unter anderem Aspekte eingeführte Wort Logarithmus nicht etwa seinen Sinn eingebüßt, im Gegenteil, dieser Sinn kann noch vertieft werden. Das Wortpaar logos und arithmos kommt nämlich im Griechischen auch als zusammengehöriges Begriffspaar zur Kennzeichnung eines ganz bestimmten Gegensatzes vor: unter logos verstand der alte Grieche auch die Zahl, sofern sie ein Gebilde des praktischen Lebens, des praktischen Rechnens war; die selbe Zahl wurde für ihn zum arithmos, wenn es sich um wissenschaftliche Erkenntnis, um wissenschaftliche Erforschung der Zahlen handelte. Noch um die Zeitenwende herum unterschied man in Griechenland die Logistik von der Arithmetik und meinte mit der ersteren die praktische Rechenkunst, mit der letzteren das, was in der mathematischen Wissenschaft heute die Zahlentheorie ist. Das Wort Logarithmus schließt nun beide Seiten der Zahl zu einer schönen Einheit zusammen, und das mit Recht, weil die Hochzahlen nicht nur Zahlengebilde von rein theoretischem Interesse, also arithmoi, darstellen, sondern auch als Ersatzzahlen der Numeri außerordentlich geeignet für die Rechenpraxis und damit logoi sind.

Mit Hilfe der neuen Symbolik sind wir nun auch in der Lage, die Vereinfachung der Rechnungsarten beim Übergange von den Potenzen zu den Hochzahlen, von den Numeri zu den Logarithmen, auf neue Art, in Gestalt von Vereinfachungsformeln, auszudrücken. Es wird ja solcher Formeln vier geben müssen. Um sie zu gewinnen, wollen wir unser Reihenpaar noch einmal hinschreiben:

| Potenzen | ..... | 1 | 2 | 4 | 8 | 16 | 32 | 64 | 128 | 256 | 512 |
| Hochzahlen | ..... | 0 | 1 | 2 | 3 | 4 | 5 | 6 | 7 | 8 | 9. |

1. Addition von Hochzahlen.

Wir greifen beispielsweise die Summe der beiden Hochzahlen 3 und 5 heraus:
$$3 + 5 = 8.$$
Nun schreiben wir jede der drei Hochzahlen in den Logarithmus ihres Numerus um:
$$3 = \log 8$$
$$5 = \log 32$$
$$8 = \log 256$$

Es gilt also:
$$\log 8 + \log 32 = \log 256.$$
Die drei Numeri 8, 32 und 256 hängen aber miteinander durch Multiplikation zusammen:
$$8 \cdot 32 = 256.$$
So erhalten wir:
$$\log 8 + \log 32 = \log (8 \cdot 32)$$
Für zwei beliebige Numeri a und b würde gelten:
$$\mathbf{\log a + \log b = \log (a \cdot b)}$$
Das ist die erste Vereinfachungsformel, die den Tatbestand wiedergibt: **Eine Addition zweier Hochzahlen entspricht einer Multiplikation zweier Potenzen.**

2. Subtraktion von Hochzahlen.

Wir greifen beispielsweise die Differenz der beiden Hochzahlen 8 und 5 heraus:
$$8 - 5 = 3$$
Wieder schreiben wir jede der drei Hochzahlen in den Logarithmen ihres Numerus um:
$$8 = \log 256$$
$$5 = \log 32$$
$$3 = \log 8$$
Es gilt also auch:
$$\log 256 - \log 32 = \log 8.$$
Die drei Numeri 256, 32 und 8 sind miteinander durch Division verbunden:
$$256 : 32 = 8$$
So erhalten wir:
$$\log 256 - \log 32 = \log (256 : 32)$$
Für zwei beliebige Numeri a und b würde gelten:
$$\mathbf{\log a - \log b = \log (a : b)}$$
Das ist die zweite Vereinfachungsformel, die den Tatbestand wiedergibt: **Eine Subtraktion zweier Hochzahlen entspricht einer Division zweier Potenzen.**

3. Multiplikation von Hochzahlen.

Wir bilden beispielsweise das Produkt der beiden Hochzahlen 2 und 3:
$$2 \cdot 3 = 6$$
Wieder führen wir für jede der drei Hochzahlen den Logarithmus des betreffenden Numerus ein:
$$2 = \log 4$$
$$3 = \log 8$$
$$6 = \log 64$$
Es gilt demnach auch:
$$\log 4 \cdot \log 8 = \log 64$$
Die drei Numeri 4, 8 und 64 sind aber **nicht** miteinander rechnerisch verbindbar. Also springt in diesem Falle keine solche Vereinfachungsformel wie bei der Addition und der Subtraktion von Hochzahlen heraus. Wohl aber kommen wir auch hier weiter,

wenn wir von den Hochzahlen 2 und 3 nur eine derselben, etwa die 3, in den **Logarithmus** ihres Numerus umschreiben; dann erhalten wir:
$$2 \cdot \log 8 = \log 64$$
Die drei Zahlen 2, 8 und 64 sind aber miteinander rechnerisch verbunden:
$$8^2 = 64$$
Es gilt demnach auch:
$$2 \cdot \log 8 = \log(8^2)$$
Für zwei beliebige Zahlen a und n würden wir erhalten haben:
$$n \cdot \log a = \log(a^n)$$
Das ist die dritte Vereinfachungsformel, die den Tatbestand wiedergibt: **Eine Multiplikation zweier Hochzahlen entspricht einer Potenzierung einer Potenz.**

4. Division von Hochzahlen.

Wir bilden beispielsweise den Quotienten der beiden Hochzahlen 6 und 2:
$$6 : 2 = 3$$
Wieder würden wir in eine Sackgasse geraten, wenn wir jede der drei Hochzahlen in den Logarithmus ihres Numerus umschreiben würden. Wir kommen jedoch weiter, wenn wir nur die Hochzahlen 6 und 3 umschreiben:
$$6 = \log 64$$
$$3 = \log 8$$
Durch Einsetzen erhalten wir:
$$\log 64 : 2 = \log 8.$$
Die Zahlen 64, 2 und 8 hängen miteinander durch Wurzelrechnung zusammen:
$$\sqrt[2]{64} = 8$$
So erhalten wir:
$$\log 64 : 2 = \log \sqrt[2]{64}$$
Für zwei beliebige Zahlen a und n würden wir erhalten haben:
$$\log a : n = \log \sqrt[n]{a}$$
Das ist die vierte Vereinfachungsregel, die den Tatbestand wiedergibt: **Eine Division zweier Hochzahlen entspricht einer Radizierung einer Potenz.**

Damit sind die in Aussicht gestellten vier Vereinfachungsformeln entwickelt, wenn auch nur dadurch, daß wir sie von einem Beispiel aus erschlossen. Sie drücken ja nichts anderes als den Rhythmus aus, der in den beiden Reihen waltet.

Zusammenstellung:

1) $\log(a \cdot b) = \log a + \log b$
2) $\log(a : b) = \log a - \log b$
3) $\log(a^n) = n \cdot \log a$
4) $\log \sqrt[n]{a} = \frac{1}{n} \cdot \log a$

In diesen vier Formeln ist die stillschweigende Voraussetzung gemacht, daß von der linken Seite jeder Gleichung zur rechten Seite die Basis festgehalten wird.

Eine Vereinfachung der beiden untersten und leichtesten Rechnungsarten, der Addition und der Subtraktion, existiert nicht, wie schon auseinandergesetzt wurde. Deshalb fallen auch die Formeln für den Logarithmus einer Summe oder einer Differenz aus:

$$\log (a + b) = ?$$
$$\log (a - b) = ?$$

Die Versuchung liegt nahe, gedankenlos folgende Formeln zu verwenden:

$$\log (a + b) = \log a + \log b$$
$$\log (a - b) = \log a - \log b$$

Vor ihrer Aufstellung sei ausdrücklich gewarnt; würden auch sie gelten, so müßte die Summe a + b mit dem Produkt a . b und die Differenz a — b mit dem Quotienten a : b identisch sein. Für den Logarithmus einer Summe oder einer Differenz gibt es durchaus Formeln; aber sie lauten wesentlich anders und sind nur durch höhere Mathematik erlangbar, sie sind sogar für die Berechnung der Logarithmen von grundlegender Wichtigkeit. Aber für unsere elementar gehaltene Betrachtung scheiden sie aus

Abschnitt 6. Vervollkommnung des Reihenpaares.

Wie müßte man es anstellen, um aus diesen Ergebnissen für das praktische Rechnen einen Nutzen zu ziehen? Man müßte das Reihenpaar, auf dem alles aufgebaut worden ist, die Reihe der Zweierpotenzen und diejenige ihrer Hochzahlen, nach beiden Seiten hin möglichst weit berechnen und als grundlegendes Tabellenmaterial bei sich führen. Tritt dann etwa eine Multiplikationsaufgabe an einen heran, z. B. 128 . 512, so würde man die beiden Zahlen in der Potenzreihe aufsuchen, die dazugehörigen Hochzahlen, 7 und 9, ablesen, diese durch Addition zur Hochzahl 16 vereinigen und die zur 16 gehörige Potenzzahl, die Zahl 65 536, als Ergebnis der verlangten Multiplikation ablesen. Entsprechend würde man bei Aufgaben der Division, des Potenzierens und des Radizierens verfahren.

So sehr das Verfahren als solches sich empfiehlt, so wenig kann es einem helfen, da es zunächst z. B. bei den meisten Multiplikationsaufgaben versagt. Wie wollte man etwa die Aufgabe 218 . 493 mit seiner Hilfe lösen, da die Zahlen 218 und 493 in der Potenzreihe überhaupt nicht vorkommen! Solange als es nicht gelingt, zu den Zahlen, die in die Lücken der Potenzreihe eingeschoben werden können, die entsprechenden Hochzahlen zu finden, ist das Verfahren praktisch wertlos. Es gilt daher, das Reihenpaar durch Ausfüllung der vorhandenen Lücken zu vervollkommnen.

Die erste Lücke auf der rechten Seite der Zahl 1 in der Potenzreihe ist zwischen 2 und 4; in ihr steht die Zahl 3. Welche Hochzahl gehört zu ihr? Mit anderen Worten: Wie groß ist der Logarithmus von 3 auf der Basis 2? Es ist ohne weiteres ersichtlich, daß der gesuchte Logarithmus zwischen 1 und 2 liegen muß; denn

$$\log 2 = 1$$
$$\log 4 = 2$$

Alle Zahlen zwischen 1 und 2 lassen sich als Dezimalzahlen mit der Zahl 1 vor dem Komma schreiben; wir wissen also bereits:

$$\log 3 = 1,\ldots$$

Es fragt sich nur noch, wie die Stellen hinter dem Komma lauten. Diese lassen sich auf mehrfache Art ermitteln; wir beschränken uns auf das elementarste Verfahren.

Wir bilden eine möglichst hohe Potenz von 3, etwa 3^{20}, und untersuchen, zwischen

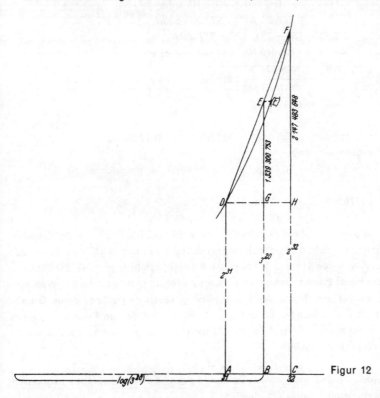

Figur 12

welchen Potenzen von 2 sie liegt:

$$3^{20} = 3\,486\,784\,401 \text{ liegt zwischen } 2^{31} = 2\,147\,483\,648$$
$$\text{und } 2^{32} = 4\,294\,967\,296$$

Mithin liegt log (3^{20}) zwischen 31 und 32. Wäre die Kurve, welche unsere Potenzreihe verbildlicht (Figur 4), zwischen den Hochzahlen 31 und 32 nicht krumm, sondern gerade, so ließe sich sagen: genau so, wie 3^{20} zwischen 2^{31} und 2^{32} liegt, ist log (3^{20}) zwischen 31 und 32 gelegen. Was damit gemeint ist, veranschaulicht Figur 12, in der ganz links noch der Buchstabe O zu denken ist.

Von der Hochzahl 0 bis zur Hochzahl 31 auf der waagerechten Geraden sei die Strecke OA, von der Hochzahl 0 bis zur Hochzahl 32 die Strecke OC. Dann ist:

$$OA = 31$$
$$OC = 32$$

In A ist die Länge AD $= 2^{31} = 2\,147\,483\,648$ als Senkrechte errichtet;
in C ist die Länge CF $= 2^{32} = 4\,294\,967\,296$ als Senkrechte errichtet.
Unsere Kurve geht also durch D und F mit leichter Krümmung dazwischen. Diese Krümmung wollen wir jedoch vernachlässigen und die Kurve zwischen D und F als gerade annehmen. Dann nimmt die Senkrechte BE $= 3^{20} = 3\,486\,784\,401$ zwischen den Senkrechten AD und CF eine bestimmte Lage ein, und es muß sich verhalten:

$$DG : DH = GE : HF \text{ oder}$$
$$AB : AC = GE : HF \text{ oder}$$
$$AB : 1 = (3^{20} - 2^{31}) : (2^{32} - 2^{31}) \text{ oder}$$
$$AB : 1 = 1\,339\,300\,753 : 2\,147\,483\,648 \text{ oder}$$
$$\frac{AB}{1} = \frac{1\,339\,300\,753}{2\,147\,483\,648} \text{ oder}$$
$$AB = 0{,}62366\ldots$$

Mithin ist:
$$\log(3^{20}) = OB = 31 + 0{,}62366\ldots = 31{,}62366\ldots$$

Andererseits wissen wir, daß
$$\log(3^{20}) = 20 \cdot \log 3 \text{ ist (nach Vereinfachungsformel Nr 3).}$$

Also gilt:
$$20 \cdot \log 3 = 31{,}62366\ldots$$
$$\log 3 = 31{,}62366\ldots : 20 = 1{,}58118\ldots$$

In dem Maße, wie unsere Kurve zwischen D und F durch E hindurch von der Geraden abweicht, weicht der soeben errechnete Wert von log 3 von dem wirklichen Werte ab. Da der Kurvenbogen von D nach F etwas nach unten durchhängt, muß der Punkt E und mit ihm der Punkt B etwas weiter nach rechts zu liegen, d. h. log 3 muß in Wahrheit etwas größer als der errechnete Wert sein. Eine genauere Rechnung, deren Grundlagen wir hier nicht auseinandersetzen können, und die auf der am Ende des vorigen Paragraphen angedeuteten Formel für den Logarithmus einer Summe beruht, würde auch dementsprechend ergeben:

$$\log 3 = 1{,}584\ldots;$$

die Punkte deuten an, daß noch weitere Zahlen folgen und zwar, wie hier zu begründen übergangen werden muß, unzählig viele.

Durch unser Verfahren haben wir also log 3 auf der Basis 2 bereits auf 2 Dezimalen, auf 2 Stellen nach dem Komma berechnen können. Dieses Verfahren wollen wir das Proportionalverfahren nennen, weil es die Proportionalität des Wachsens der Potenzen und ihrer Hochzahlen wenigstens in dem Bereiche zwischen den beiden Hochzahlen 31 und 32 vorausgesetzt hat; das Proportionalverfahren ist auf der rechnerischen Seite das Gleiche, was auf der zeichnerischen Seite das Voraussetzen der Geradlinigkeit der Kurve ist.

Mit Hilfe dieses Verfahrens könnten wir nun auch die nächste Lücke, die in der Potenzreihe zwischen 4 und 8 liegt, schließen, indem wir log 5, log 6 und log 7 berechnen, und dann ebenso alle folgenden Lücken behandeln, ganz abgesehen davon, daß es sich jedesmal um eine mühselige Rechnung handelt, die nicht einmal zu hinreichend genauen Werten führt. Erleichternd würde bei der ganzen Arbeit wirken, daß wir nur die Logarithmen der sogenannten Primzahlen zu berechnen brauchen, d. h. log 3, log 5, log 7, log 11, log 13 usw. Die Logarithmen aller anderen Zahlen sind ja aus denjenigen der Primzahlen auf einfache Art zu ermitteln. Z. B. ist:

$$\log 6 = \log (2 \cdot 3) = \log 2 + \log 3 = 1 + \log 3$$
$$\log 9 = \log (3^2) = 2 \cdot \log 3$$
$$\log 10 = \log (2 \cdot 5) = \log 2 + \log 5 = 1 + \log 5$$

Abschnitt 7. Gebrochene Hochzahlen.

Bisher haben wir zu den Lückenzahlen unserer Potenzreihe die zugehörigen Hochzahlen ermittelt. Man kann auch den anderen Weg einschlagen, daß man zuerst in der Hochzahlreihe Einschaltungen vornimmt und alsdann die zugehörigen Potenzzahlen zu ermitteln sucht. Zum Beispiel werde zwischen die Hochzahlen 0 und 1 die Hochzahl 0,5 oder $\frac{1}{2}$ eingeschaltet. Welche Potenzzahl gehört zu ihr? Rein formal gehört zu ihr die Potenz $2^{\frac{1}{2}}$. Was ist unter ihr zu verstehen? Diese Frage war ja schon früher, am Schlusse des Abschnitts 3, von uns aufgeworfen worden, als es sich um die Zeichnung der Kurve $y = 2^x$ handelte. Als Material zur Zeichnung jener Kurve standen uns damals nur solche Potenzen der Grundzahl 2 zur Verfügung, deren Hochzahl eine positive oder negative ganze Zahl einschließlich der Null ist. Wie steht es um solche Potenzen der Grundzahl 2, deren Hochzahl eine gebrochene Zahl ist, z. B. um die Potenz $2^{\frac{1}{2}}$?

Diese Frage läßt sich nunmehr durch die Regel beantworten, die wir als die letzte der vier Vereinfachungsregeln in Abschnitt 5 gewannen:

Eine Potenz wird radiziert, indem man ihre Hochzahl durch die Hochzahl der Wurzel dividiert.

Wir fanden dort beispielsweise, daß $\sqrt[3]{2^6} = 2^{6:3} = 2^2$ ist. Gäbe es eine Wurzel von der Form $\sqrt[2]{2^1}$, so müßte sie nach dieser Regel in die Potenz

$$2^{1:2} = 2^{\frac{1}{2}}$$

umgeschrieben werden können. Dem Sinne der Potenz $2^{\frac{1}{2}}$ auf die Spur kommen, ist daher gleichbedeutend damit, daß man der Wurzel $\sqrt[2]{2^1}$ einen Sinn zu geben vermag. Da 2^1 die Zahl 2 selber ist, handelt es sich also um die Untersuchung der Wurzel

$$\sqrt[2]{2}.$$

Über diese Art Wurzeln, deren Schwierigkeit kurz dadurch bezeichnet werden kann, daß sie nicht „aufgehen", ließe sich sehr viel sagen, das hier nicht im Rahmen der vorliegenden Betrachtungen liegt. So viel ist aus dem in Abschnitt 5 entwickelten Begriff der Wurzelrechnung als eines rückwärtigen Potenzierens klar, daß durch das Symbol $\sqrt[2]{2}$ eine Zahl angedeutet wird, deren Quadrat, deren zweite Potenz die Zahl 2 ist. Man müßte also eine Zahl x ermitteln, von der gilt:

$$x^2 = x \cdot x = 2.$$

Dem Werte dieser Zahl x kann man sich durch eine Art rechnerischen Experimentierens nähern:
 Man weiß ja, daß

$$1 \cdot 1 = 1$$
$$2 \cdot 2 = 4$$

ist. Nun ist $x \cdot x = 2$ zwischen 1 und 4 gelegen. Man sagt sich daher mit Recht, daß die Zahl x zwischen den Zahlen 1 und 2 liegen muß. Alle Zahlen zwischen 1 und 2 lassen sich als 1,.... dezimal schreiben. Wir wissen also bereits:

$$x = 1, \ldots$$

Wir untersuchen nun, um auch Dezimalen nach dem Komma zu gewinnen, die Zahlen 1,1, 1,2, 1,3, 1,4, 1,5, 1,6, 1,7, 1,8 und 1,9 daraufhin, ob eine von ihnen etwa unser x ist. Wir finden:

$$1{,}1 \cdot 1{,}1 = 1{,}21 \qquad 1{,}6 \cdot 1{,}6 = 2{,}56$$
$$1{,}2 \cdot 1{,}2 = 1{,}44 \qquad 1{,}7 \cdot 1{,}7 = 2{,}89$$
$$1{,}3 \cdot 1{,}3 = 1{,}69 \qquad 1{,}8 \cdot 1{,}8 = 3{,}24$$
$$1{,}4 \cdot 1{,}4 = 1{,}96 \qquad 1{,}9 \cdot 1{,}9 = 3{,}61$$
$$1{,}5 \cdot 1{,}5 = 2{,}25$$

Aus dieser Übersicht geht wegen $x \cdot x = 2$ sofort hervor, daß x zwischen 1,4 und 1,5 gelegen ist. Alle Zahlen zwischen 1,4 und 1,5 lassen sich aber als 1,4.. schreiben. Wir wissen daher bereits:

$$x = 1{,}4\ldots$$

Wir untersuchen nun die Zahlen 1,41, 1,42 .... bis 1,49, indem wir jede von ihnen mit sich selber malnehmen. Wir würden dann u. a. finden:

$$1{,}41 \cdot 1{,}41 = 1{,}9881$$
$$1{,}42 \cdot 1{,}42 = 2{,}0164$$

Also liegt unser x zwischen 1,41 und 1,42, d. h. wir wissen nun:

$$x = 1{,}41\ldots$$

So könnte man sich Stelle um Stelle nach dem Komma voranarbeiten und würde bekommen:

$$x = 1{,}41421\ldots$$

Wie nahe man mit dieser Zahl schon der Wahrheit ist, zeigt sich, wenn man sie mit sich selber malnimmt:

$$1{,}41421 \cdot 1{,}41421 = 1{,}9999899241$$

Der genaue Wert von $\sqrt[2]{2}$ würde die Errechnung von unendlich vielen Dezimalen erfordern und ist daher nie zu ermitteln.

Auch aus dem Rhythmus unseres Reihenpaares geht hervor, daß zur Hochzahl $\tfrac{1}{2}$ diejenige Potenzzahl, derjenige Numerus gehört, der, mit sich selber vervielfacht, 2 ergibt. Um das einzusehen, sei nur derjenige Teil unseres Reihenpaares, welcher dafür nötig ist, hingeschrieben:

Hochzahlen	0	1	2
Numeri	1	2	4

Die Hochzahl 1 liegt mitten zwischen den Hochzahlen 0 und 2. Der zur Hochzahl 1 gehörige Numerus 2 liegt dagegen nicht mitten zwischen den zu den Hochzahlen 0 und 2 gehörigen Numeri 1 und 4; denn mitten zwischen 1 und 4 liegt die Zahl 2,5. Welcher Rhythmus, welches Gesetz bestimmt denn nun die Lage von 2 zwischen 1 und 4? Da erkennen wir, daß 2 diejenige Zahl ist, welche, mit sich selber vervielfacht, 4 ergibt. Jetzt betrachten wir folgendes Stück unseres Reihenpaares:

Hochzahlen	0	$\frac{1}{2}$	1
Numeri	1	x	2

Wieder liegt die mittlere Hochzahl $\frac{1}{2}$ mitten zwischen den Grenzhochzahlen 0 und 1. Dann liegt der Numerus x zwischen den Grenznumeri 1 und 2 nicht ebenfalls genau in der Mitte als die Zahl 1,5, sondern so dazwischen, daß x, mit sich selber vervielfacht, 2 ergibt:

$$x \cdot x = 2$$

Nun wird auch jede andere Unterteilung des Zwischenraumes zwischen den Hochzahlen 0 und 1 verständlich, etwa seine Drittelung:

Hochzahlen	0	$\frac{1}{3}$	$\frac{2}{3}$	1
Numeri	1	x	y	2

Die Zahl x ist rein formal die Potenz $2^{\frac{1}{3}}$, worunter wieder eine Wurzel zu verstehen ist:

$$x = 2^{\frac{1}{3}} = \sqrt[3]{2^1} = \sqrt[3]{2}$$

x ist also diejenige Zahl, welche, in die dritte Potenz erhoben, 2 ergibt:

$$x \cdot x \cdot x = 2$$

Die Zahl y ist rein formal die Potenz $2^{\frac{2}{3}}$, worunter ebenfalls eine Wurzel zu verstehen ist:

$$y = 2^{\frac{2}{3}} = \sqrt[3]{2^2} = \sqrt[3]{4}$$

y ist also diejenige Zahl, welche, in die dritte Potenz erhoben, 4 ergibt:

$$y \cdot y \cdot y = 4$$

Zu denselben Ergebnissen würde man auf Grund des Rhythmusses des Reihenpaares kommen.

Zwischen den auf Grund der Drittelung des Hochzahlintervalles 0 1 entstandenen Numeri x und y besteht natürlich ein Zusammenhang, der leicht zu ermitteln ist. Es war ja:

$$y \cdot y \cdot y = 4$$
$$x \cdot x \cdot x = 2$$

Aus der Gleichung für x folgt:

$$x \cdot x \cdot x \cdot x \cdot x \cdot x = 4$$

Durch Vergleich dieser neuen Beziehung mit derjenigen für y folgt:

$$x \cdot x = y$$

Unser Reihenpaar lautet nun zwischen den Hochzahlen 0 und 1:

Hochzahlen	0	$\frac{1}{3}$	$\frac{2}{3}$	1
Numeri	1	x	x . x	x . x . x

Dafür kann man auch schreiben:

Hochzahlen	0	$\frac{1}{3}$	$\frac{2}{3}$	$\frac{3}{3}$
Numeri	1	x^1	x^2	x^3

Unterteilt man also den Schritt von der Hochzahl 0 zur Hochzahl 1 in Drittelschritte, so wird in der Potenzreihe aus der Basis der Ganzschritte, der Zahl 2, eine neue Basis, die Zahl $2^{\frac{1}{3}} = \sqrt[3]{2}$.

Zwecks Zeichnung der Kurve $y = 2^x$ sind wir nun nicht mehr bloß auf diese Ganzschritte angewiesen, sondern können dieselben beliebig unterteilen und dadurch zwischen die bisherigen Kurvenpunkte beliebig viele neue Punkte der Kurve einschalten, die beim Zeichnen der Kurve für die Hand weitere Anhaltspunkte abgeben.

Abschnitt 8. Dekadische Logarithmen.

Nun ist das Reihenpaar reif gemacht, zur Ausführung von Multiplikationen, Divisionen, Potenzierungen und Radizierungen verwendet zu werden. Bisher haben wir uns dabei auf ein Reihenpaar beschränkt, das auf der Zahl 2 als Grundlage ruht. Es hätte natürlich auch eine andere Zahl als Grundlage genommen werden können. Bei der Erfindung der Logarithmen durch Bürgi und Neper bildeten auch andere Zahlen die Grundlage, Zahlen, die dort auf den ersten Blick gar nicht einmal hervortreten und, wenn man sie ans Licht zieht, verhältnismäßig kompliziert erscheinen; bei Bürgi war es die Zahl 1,0001, bei Neper die Zahl 0,9999999. Als 1614 Neper's Werk erschien, fand es einen glühenden Bewunderer in Professor Henry Briggs. Bei einer Zusammenkunft beider im Jahre 1615 schlug Briggs als Basis die Zahl $\frac{1}{10}$ vor. Neper ergänzte den Vorschlag dahin, dann doch lieber gleich die Zahl 10 zu wählen, wobei es dann auch blieb. Briggs machte sich nun mit Feuereifer unter Mitarbeit von acht Gehilfen an das Riesenwerk der Berechnung dieser „dekadischen" Logarithmen, die heute ihm zu Ehren auch Briggs'sche Logarithmen genannt werden, und gab bereits im Jahre 1617 seine „Logarithmorum Chilias prima" (der Logarithmen erstes Tausend) heraus; sie enthielt die dekadischen Logarithmen der Numeri 1 bis 1000 bis auf 8 Stellen nach dem Komma, sogenannte 8stellige Logarithmen. Im Jahre 1624 ließ er eine „Arithmetica logarithmica" erscheinen, die für die Numeri 1 bis 20000 und 90000 bis 100000 sogar 14stellige Logarithmen lieferte.

Der Grund, warum die Basis 10 andere Grundzahlen verdrängte, liegt auf der Hand. Denn die Ordnung unseres Zahlensystemes beruht auf der Zahl 10 und ihren Potenzen, d. h. auf der Potenzreihe:

	10^{-3}	10^{-2}	10^{-1}	10^0	10^1	10^2	10^3	10^4	…. oder
….	$\frac{1}{1000}$	$\frac{1}{100}$	$\frac{1}{10}$	1	10	100	1000	10000	…. oder
….	0,001	0,01	0,1	1	10	100	1000	10000	⎤

Dazu gehört die Hochzahlreihe:

| …. | −3 | −2 | −1 | 0 | 1 | 2 | 3 | 4 | …. ⎦ |

Indem wir etwa die Zahl 386,24 hinschreiben, fügen wir Vielfache der einzelnen Zehnerpotenzen zusammen:

$$386{,}24 = 3 \cdot 100 + 8 \cdot 10 + 6 \cdot 1 + 2 \cdot 0{,}1 + 4 \cdot 0{,}01$$

Es läßt sich also vermuten, daß in bezug auf die so geschriebenen Zahlen ein Logarithmensystem auf der gleichen Basis besondere Einfachheiten hervortreten läßt. Welcher Art diese Einfachheiten sind, zeigt bereits das obige Reihenpaar: die Hochzahl ist stets gleich der Anzahl der Nullen ihres Numerus*. Was wird aus dieser Nullengesetzmäßigkeit, wenn in dem entsprechenden Reihenpaar, um es praktisch verwertbar zu machen, die Lücken ausgefüllt werden? Dieses Reihenpaar hieß ja:

Numeri	....	0,001	0,01	0,1	1	10	100	1000	....
dekadische Logarithmen	....	−3	−2	−1	0	1	2	3	....

Die erste Lücke rechts der 1 in der Numerusreihe ist die zwischen 1 und 10; in der Logarithmenreihe entspricht ihr die Lücke zwischen 0 und 1. Mithin wissen wir bereits:

$$\log 2 = 0,\ldots$$
$$\log 3 = 0,\ldots$$
$$\log 4 = 0,\ldots$$
$$\ldots\ldots\ldots$$
$$\ldots\ldots\ldots$$
$$\log 9 = 0,\ldots$$

Man sagt, alle diese Logarithmen haben die **Kennziffer** oder **Charakteristik** 0, und meint damit den Bestandteil vor dem Komma. Halten wir fest, daß alle einstelligen Numeri (1, 2, 3, 4, 5, 6, 7, 8, 9) einen Logarithmus mit der Kennziffer 0 besitzen! Der Bestandteil des Logarithmus nach dem Komma pflegt **Zugabe** oder **Mantisse** (vom lateinischen mantissa**) genannt zu werden. Beschränken wir uns für die Mantisse auf

---

* Würde unsere Zahlenschreibung nicht auf der Grundlage von zehn Zifferzeichen (0, 1, 2, 3, 4, 5, 6, 7, 8, 9) ruhen, sondern nur die beiden ersten Ziffern 0 und 1 zur Verfügung haben, so würde unsere Zahlenschreibung nicht auf der Zahl Zehn, sondern auf der Zahl Zwei ruhen; aus der „dekadischen" Schreibweise würde die „dyadische" werden. Die Ziffernkombination 10 würde nicht mehr die Zahl Zehn, sondern die Zahl Zwei bezeichnen, die Ziffernkombination 100 nicht mehr die Zahl Zehnmalzehn oder Hundert, sondern die Zahl Zweimalzwei oder Vier, die Ziffernkombination 1000 nicht mehr die Zahl Zehnmalzehnmalzehn oder Tausend, sondern die Zahl Zweimalzweimalzwei oder Acht. Die ausgezeichnete Numerusreihe

	1	10	100	1000
würde dann mit unserer bisher benutzten Numerusreihe	Eins	Zwei	Vier	Acht
identisch werden, deren Hochzahlreihe lautet	Null	Eins	Zwei	Drei
oder, dyadisch geschrieben,	0	1	10	11

Jetzt würde jede Hochzahl gleich der Anzahl der Nullen des betreffenden Numerus sein. Dieses Gesetz, das bisher nur im dekadischen Logarithmensystem galt, würde nun nur im dyadischen Logarithmensystem gelten.

** Das Wort Mantisse ist in die Mathematik zuerst von John Wallis eingeführt worden, demselben Mathematiker, der auch das Zeichen ∞ für den Begriff „unendlich" geprägt hat. Er verwendet es jedoch für einen anderen mathematischen Tatbestand. Schon der im 2. nachchristlichen Jahrhundert lebende lateinische Grammatiker Festus erwähnt das Wort mantissa in der Bedeutung einer Zugabe zu einem Gewichte. Es soll aus „manus tensa", welches „die ausgestreckte Hand" bedeutet, entstanden sein, weil der Verkäufer beim Abwägen von Gegenständen mit ausgestreckter Hand ein Stückchen nach dem anderen auf die Waage lege, bis das gewünschte Gewicht erreicht sei, und zuletzt noch ein Stückchen zulege. (Nach Cantor, Vorlesungen über Geschichte der Mathematik, 3. Band, Seite 96/97.)

vier Dezimalen, so ergibt sich etwa auf Grund einer Rechnung, wie wir sie in Abschnitt 6 für log 3 auf der Basis 2 andeuteten:

$$\log 2 = 0{,}3010$$
$$\log 3 = 0{,}4771$$
$$\log 7 = 0{,}7782$$

Die übrigen Logarithmen ergeben sich auf Grund der Vereinfachungsregeln:

$$\log 4 = \log (2^2) = 2 \cdot \log 2 = 0{,}6021$$
$$\log 5 = \log (10:2) = \log 10 - \log 2 = 1 - \log 2 = 0{,}6990$$
$$\log 6 = \log (2 \cdot 3) = \log 2 + \log 3 = 0{,}7782$$
$$\log 8 = \log (2^3) = 3 \cdot \log 2 = 0{,}9031$$
$$\log 9 = \log (3^2) = 2 \cdot \log 3 = 0{,}9542$$

Es könnte auffallen, daß z. B. log 4 = 2 . log 2 = 2 . 0,3010 als 0,6021 und nicht als 0,6020 herauskommt. Das rührt davon her, daß in den 4stelligen Logarithmen ja Abrundungen vorliegen. 5stellig ist

$$\log 2 = 0{,}30103$$
$$\log 4 = 0{,}60206$$

Daraus entsteht eben durch Abrundung auf 4 Stellen:

$$\log 2 = 0{,}3010$$
$$\log 4 = 0{,}6021$$

Wir gehen an die zweite Lücke rechts der 1 in der Numerusreihe. Sie liegt zwischen 10 und 100; in der Logarithmenreihe entspricht ihr die Lücke zwischen 1 und 2. Mithin wissen wir bereits:

$$\log 11 = 1{,}\ldots$$
$$\log 12 = 1{,}\ldots$$
$$\log 13 = 1{,}\ldots$$
$$\ldots\ldots\ldots\ldots$$
$$\ldots\ldots\ldots\ldots$$
$$\log 99 = 1{,}\ldots$$

Wir sehen, alle diese zweistelligen Numeri haben einen Logarithmus mit der Kennziffer 1. Die Mantissenberechnung braucht wieder nur für die Primzahlen zwischen 10 und 100 direkt vorgenommen zu werden. Dabei stehen die Mantissen der reinen Zehner, also von 20, 30, 40, ... 90, von der Ausfüllung der ersten Lücke her bereits fest·

$$\log 20 = \log (2 \cdot 10) = \log 2 + \log 10 = 0{,}3010 + 1 = 1{,}3010$$
$$\log 30 = \log (3 \cdot 10) = \log 3 + \log 10 = 0{,}4771 + 1 = 1{,}4771$$

Ganz allgemein gilt, daß eine Anhängung von Nullen an einen Numerus in dessen Logarithmus nur die Kennziffer ändert; die Mantisse bleibt davon unberührt.

Für die weiteren Lücken rechts der 1 in der Numerusreihe ergeben sich, wie sofort ersichtlich ist, folgende Kennzifferbestimmungen:

3stellige Numeri	Kennziffer des Logarithmus ist 2
4stellige Numeri	Kennziffer des Logarithmus ist 3

5stellige Numeri   Kennziffer des Logarithmus ist 4
....

Allgemein:
Der Logarithmus eines n-stelligen Numerus hat die Kennziffer n—1.
Wir wollen nunmehr aus Gründen, die sich uns sogleich ergeben werden, prinzipiell alle Logarithmen so schreiben, daß sie mit 0,.... beginnen, und daß ihre Kennziffer hinter der Mantisse zugefügt wird. Wir schreiben also beispielsweise nicht mehr:

$$\log 20 = 1{,}3010,$$

sondern

$$\log 20 = 0{,}3010 + 1$$

Dann bekommt die obige „Kennzifferregel" die Gestalt:
Der Logarithmus eines n-stelligen Numerus hat die Form 0,.... $+$ (n—1).
Es obliegt uns noch, uns über die Logarithmen solcher Numeri zu orientieren, die selber mit einem Komma behaftet sind, womit dann auch die Lücken links der 1 in der Numerusreihe und die entsprechenden Lücken in der Logarithmenreihe geschlossen würden. An einem konkreten Beispiel erkennt man hier am besten, wie es sich verhält. Greifen wir etwa log 113 heraus! Wir wollen im Numerus eine Stelle nach der anderen abstreichen und sehen, was sich dadurch im Logarithmus verändert.

log 113 $= 0{,}0531 + 2$ ist also die Gegebenheit, auf der wir aufbauen.
1) log 11,3 $= \log(113:10)$ $= \log 113 - \log 10$ $= (0{,}0531 + 2) - 1 = 0{,}0531 + 1$
2) log 1,13 $= \log(113:100)$ $= \log 113 - \log 100$ $= (0{,}0531 + 2) - 2 = 0{,}0531 + 0$
3) log 0,113 $= \log(113:1000)$ $= \log 113 - \log 1000$ $= (0{,}0531 + 2) - 3 = 0{,}0531 - 1$
4) log 0,0113 $= \log(113:10000)$ $= \log 113 - \log 10000$ $= (0{,}0531 + 2) - 4 = 0{,}0531 - 2$

Zusammenstellung:		Numerus	Logarithmus
log 113	$= 0{,}0531 + 2$	3/stellig	0,.... $+ 2$
log 11,3	$= 0{,}0531 + 1$	2/stellig	0,.... $+ 1$
log 1,13	$= 0{,}0531 + 0$	1/stellig	0,.... $+ 0$
log 0,113	$= 0{,}0531 - 1$	0/stellig	0,.... $- 1$
log 0,0113	$= 0{,}0531 - 2$	-1/stellig	0,.... $- 2$
log 0,00113	$= 0{,}0531 - 3$	-2/stellig	0,.... $- 3$
log 0,000113	$= 0{,}0531 - 4$	-3/stellig	0,.... $- 4$

Diese Übersicht zeigt, daß die Regel:
Der Logarithmus eines n/stelligen Numerus hat die Form 0,.... $+$ (n—1)
ganz allgemeine Gültigkeit besitzt. Man muß nur mit dem Begriff der Stelligkeit des Numerus geschickt umgehen können. Weist der Numerus kein Komma auf, so ist seine Stelligkeit einfach die Anzahl seiner Ziffern. Weist der Numerus ein Komma auf, so sind zwei Fälle zu unterscheiden:

1. Fall: Vor dem Komma stehen wirkliche Ziffern, also nicht bloß eine Null, so daß eine unechte Dezimalzahl vorliegt. Dann bestimmt die Anzahl der Ziffern vor dem Komma die Stelligkeit. So ist z. B. der Numerus 11,3 zweistellig.

2. Fall: Vor dem Komma steht nur Null, so daß eine echte Dezimalzahl vorliegt. Dann bestimmt die Anzahl der Nullen, die sich unmittelbar nach dem Komma zwischen das Komma und die wirklichen Ziffern schieben, die Stelligkeit, und zwar wird diese Anzahl der Nullen negativ gerechnet. So hat z. B. 0,000113 die Stelligkeit — 3, da zwischen dem Komma und der Zifferngruppe 113 drei Nullen stehen. Der Numerus 0,113 ist dagegen 0 stellig, da zwischen dem Komma und der Zifferngruppe keinerlei Null vorhanden ist. Die Null vor dem Komma wird also nicht mitgezählt.

Man muß sich durch Übung in die Lage versetzen, die „Kennzifferregel" sicher vorwärts und rückwärts anwenden zu können. Ist etwa ein Logarithmus von der Form 0,.... — 5 bekannt, so muß man wissen, daß sein Numerus — 4 stellig ist, daß dieser also zwischen dem Komma und der Zifferngruppe 4 Nullen besitzt und vor dem Komma natürlich dann ebenfalls eine Null aufweist.

In den Lehrbüchern über elementare Mathematik ist es bei der Schilderung der dekadischen Logarithmen üblich geworden, statt einer einzigen Kennzifferregel, wie sie hier aufgestellt worden ist, deren zwei zu formulieren. Man unterscheidet dabei die Numeri, die mit 0,... beginnen, von denjenigen, welche anders beginnen. Für die ersteren formuliert man die Kennzifferregel etwa folgendermaßen:

Fängt der Numerus mit 0,... an, so fängt auch der Logarithmus mit 0,... an, und hinten ist noch die Anzahl der Nullen des Numerus abzuziehen.

So ist beispielsweise log 0,000113 = 0,.... —4.

Für die Numeri, die anders beginnen, wird die von uns aufgestellte einzige Kennzifferregel in der Form verwendet:

Der Logarithmus eines n-stelligen Numerus hat die Kennziffer n—1.

So ist beispielsweise log 11,3 = 1,...., weil der Numerus 2 stellig ist. Aber es ist nicht nötig, das Kennziffergesetz in zwei Regeln aufzuspalten. Man kommt mit einer einzigen Regel aus, wenn man den Begriff der Stelligkeit des Numerus auf alle Numeri, also auch auf diejenigen ausdehnt, welche mit 0,... beginnen, und wenn man ferner ein für alle Male den Logarithmus mit 0,... beginnen läßt und erst hinter der Mantisse die Kennziffer hinzufügt, welches Hinzufügen im Falle negativer Stelligkeit des Numerus in ein Wegnehmen der entsprechenden positiven Größe umschlägt. Bei Verwendung zweier Kennzifferregeln, die noch dazu vorwärts und rückwärts beherrscht werden müssen, ist endlosen Verwechselungen und mannigfachen Irrtümern Tür und Tor geöffnet, denen der Anfänger kaum auszuweichen vermag.

Abschnitt 9. Handhabung der Logarithmentafel.

Wir verstehen bereits, daß es in einer Logarithmentafel nicht nötig ist, Kennziffern anzugeben. Es handelt sich darin nur um die Angabe der Mantissengruppe, die zu der Zifferngruppe des Numerus gehört. Um ein konkretes Beispiel einer Tafel vor uns zu haben, legen wir „die vierstelligen vollständigen logarithmischen Tafeln" von F. G. Gauß der sogenannten kleinen Schulausgabe (Ausgabe vom Jahre 1936 im Verlag von Konrad Wittwer, Stuttgart) zugrunde.

Sie enthalten auf Seite 1 tabellarisch die vierstelligen Logarithmen samt Kennziffer für die Numeri 1 bis 100; für den Numerus 0 finden wir als Logarithmus bekanntermaßen $-\infty$.

Auf den Seiten 2 und 3 finden wir am Rande die Numeri 1 bis 1009, also vorwiegend dreizifferige Numeri, und zwar jedesmal so auseinandergelegt, daß die letzte Ziffer des Numerus in der obersten oder untersten Zeile der Seite erscheint hinter dem Buchstaben L., während in einer Spalte, die oben und unten den Buchstaben N. aufweist und sich am linken Rande der Seite befindet, die übrige Zifferngruppe des Numerus ihren Platz hat. Es handele sich z. B. um den Numerus 867. Die Zifferngruppe 86 steht in der besagten Spalte, die Ziffer 7 in der obersten oder untersten Zeile. Das Innere der Seite ist von den entsprechenden Mantissen erfüllt. Für den Numerus 867 entnehmen wir am Kreuzungspunkte der betreffenden Parallelzeile und Parallelspalte die Mantisse 9380, so daß wir wissen:

$$\log 867 = 0{,}9380 + 2$$

Wo die letzte Mantissenziffer eine 5 ist, werden wir durchgängig über derselben einen Strich oder einen Punkt gewahren. Der Herausgeber der Tabelle nennt die $\overline{5}$ kleine Fünf, die $\dot{5}$ große Fünf und erklärt den Unterschied damit, daß die kleine Fünf das Ergebnis einer Aufrundung, die große Fünf das Ergebnis einer Abrundung sei. Das ist am besten aus der entsprechenden fünfstelligen Mantisse zu verstehen:

Der Numerus 854 hat die fünfstellige Mantisse 93 146;
er hat daher die vierstellige Mantisse 93 1$\overline{5}$ (Aufrundung!)
Der Numerus 717 hat die fünfstellige Mantisse 85 552;
er hat daher die vierstellige Mantisse 85 5$\dot{5}$ (Abrundung!)

Aber diese Ab- und Aufrundung ist doch bei allen vierstelligen Mantissen wirksam gewesen! Müßte man nicht also über die letzte Ziffer jeder vierstelligen Mantisse einen Strich oder einen Punkt setzen? Zweifellos könnte man dies tun. Aber es ist unnötig im Hinblick auf den Zweck, den die alleinige Kennzeichnung der 5 verfolgt. Angenommen nämlich, wir wollten aus einer vierstelligen Mantisse eine dreistellige Mantisse hervorgehen lassen! Dann würde die letzte der vier Ziffern weggelassen und die vorletzte Ziffer eventuell um 1 erhöht werden müssen, nämlich dann, wenn die weggelassene Ziffer 6, 7, 8 oder 9 hieß. Im Falle, daß die letzte Ziffer eine 5 war, könnte man im Zweifel sein, ob die vorletzte Ziffer erhöht werden muß oder nicht; dieser Zweifel wird durch den Strich oder den Punkt über der 5 behoben, da nur die große Fünf eine Erhöhung der vorletzten Ziffer bewirkt.

Die auf den Seiten 2 und 3 gebotene Tabelle stellt die einfachste Logarithmentafel von hinreichender Gebrauchsfähigkeit dar; sie ist auch diesem Buche als Anhang beigegeben, jedoch ohne die Kennzeichnung einer 5 am Schlusse durch Punkt oder Strich.

Auf den Seiten 4 bis 21 der erwähnten logarithmischen Tafeln finden sich am Rande die Numeri von 1000 bis 10009, d. h. im wesentlichen nur vierzifferige Numeri, deren letzte Ziffer wieder in der obersten und untersten Zeile jeder Seite untergebracht ist, während die davor befindliche dreizifferige Zahlengruppe in der Spalte am linken Rande jeder Seite steht. In dem Kreuzungspunkt der betreffenden Parallelzeile und Parallelspalte befindet sich dann die zugehörige vierstellige Mantisse. So ist z. B.:

$$\log 6774 = 0{,}8308 + 3$$

Statt nun weitere Seiten anzufügen, deren Numerus die Zahlen von 10000 bis 100009, also im wesentlichen fünfzifferige Zahlen umfaßt, kann man auf den Seiten 4 bis 21 auch für solche fünfzifferigen Numeri die Mantissen finden. Man bedient sich dabei des Proportionalverfahrens. Ein Beispiel statt umständlicher theoretischer Auseinandersetzungen! Es handele sich um log 13734. Dieser Numerus liegt zwischen 13730 und 13740 eingeschachtelt. Für diese beiden Grenznumeri sind die Mantissen vorhanden:

$$\log 13\,730 = 0{,}1377 + 4$$
$$\log 13\,740 = 0{,}1380 + 4$$

Dem Anwachsen des Numerus um 10 entspricht also ein Anwachsen der Mantisse um 3; man nennt diese 3 die Tafeldifferenz. Es bleibt nun bloß noch auszurechnen, um wieviel die Mantisse wächst, wenn der Numerus nicht um 10, sondern bloß um 4, nämlich von 13730 auf 13734, wächst. Wüchse der Numerus nicht um 10, sondern bloß um 1, so wüchse die Mantisse nicht um 3, sondern bloß um 0,3; also hat ein Anwachsen des Numerus um 4 ein Anwachsen der Mantisse um $4 \cdot 0{,}3 = 1{,}2$ zur Folge. Es kommt also zu der Mantisse 1377 der Zuwachs 1,2 hinzu. Da aber die Mantisse vierzifferig bleiben soll, muß man ihren Zuwachs 1,2, welchen man auch Proportionalteil (pars proportionalis, abgekürzt p. p.) nennt, auf 1 abrunden und erhält die Mantisse 1378, so daß man nun weiß:

$$\log 13\,734 = 0{,}1378 + 4$$

Die Berechnung des Proportionalteils für die 5. Ziffer des Numerus wird einem nun durch Hinzufügung kleiner Tabellen am rechten Rande jeder Seite unter der Überschrift P. P. abgenommen. Die kleinen Tabellen tragen in Fettdruck über sich die jeweilige Tafeldifferenz, die in unserer vierstelligen Logarithmentafel nur zwischen 5 und 1 variiert; links vom Vertikalstrich steht die Ziffernreihe 1 bis 9, aus der wir die in Frage kommende 5. Ziffer des Numerus herausgreifen, und rechts daneben befindet sich der zugehörige Proportionalteil. Die Berechnung des Proportionalteils ist jedoch stets so leicht, daß man bei einiger Übung auf die Benutzung dieser kleinen Hilfstabellen gut verzichten kann. Für die Tafeldifferenz 1 ist wegen ihrer allzu großen Einfachheit die Hinzufügung der entsprechenden Tabelle auch unterlassen. Von der Seite 11 an hören die Hilfstabellen gänzlich auf, weil da nur die Tafeldifferenzen 1 oder 0 vorkommen.

Wie wirkt eine 6. oder gar eine 7. Ziffer des Numerus? Natürlich gehört auch zu ihr ein Proportionalteil, der zur Mantisse hinzukommt. Bloß ist dieser Proportionalteil so winzig, daß er in den seltensten Fällen auf die vierstellige Mantisse noch eine Wirkung hat. Vierstellige Mantissen sind eben zu grob, zu wenig genau, als daß sich eine Wirkung sechster oder gar siebenter Ziffern des Numerus in ihnen noch bemerkbar machen könnte. Dennoch wollen wir eines der wenigen Beispiele betrachten, wo sich eine sechste Ziffer des Numerus in der vierstelligen Mantisse noch von Einfluß zeigt:

$$\log 105\,139.$$

Die gesuchte Mantisse liegt zwischen den Mantissen von 105 100 und 105 200, d. h. zwischen 0216 und 0220. Die Tafeldifferenz beträgt also 4. Für die 5. Numerusziffer 3 beträgt mithin der zu 0216 hinzukommende Proportionalteil $3 \cdot 0{,}4$ oder 1,2, wogegen für die 6. Numerusziffer 9 der Proportionalteil $9 \cdot 0{,}04$ oder 0,36 beträgt. Der Proportionalteil 1,2 allein würde die Mantisse nur um 1 vermehren, da ja abgerundet werden müßte. Beide Proportionalteile zusammen betragen jedoch 1,56, und nun muß eine Aufrundung auf 2 eintreten, so daß herauskommt:

$$\log 105\,139 = 0{,}0218 + 5.$$

Es kann der umgekehrte Fall eintreten, daß verlangt wird, zu einer Mantisse den Numerus aufzusuchen. Dann muß man in der Tafel den Weg vom Innern einer Seite zu ihrem Rand nehmen. Grundsätzlich möge man sich, wenn man im Besitze der erwähnten logarithmischen Tafeln ist, für eine solche Art Aufgaben auf die Seiten 4 bis 21 beschränken, d. h. die Seiten 1 bis 3, wenn man sie überhaupt verwenden will, nur für Vorwärtsaufgaben, wo aus einem 1- bis 3 stelligen Numerus auf dessen Mantisse geschlossen wird, in Betracht ziehen. Wenn nun bei einer solchen Rückwärtsaufgabe die Mantisse auf den Seiten 4 bis 21 zu finden ist, ist der Numerus am Rande leicht hinzuermittelt. Wie aber, wenn die gegebene Mantisse nicht in der Tafel steht, sondern zwischen zwei in der Tafel angegebenen Mantissen liegt? Wieder soll uns ein Beispiel über den dann einzuschlagenden Weg orientieren:

$$\log x = 0{,}1155 + 2.$$

Die Mantisse 1155 liegt zwischen den beiden Mantissen 1153 und 1156 der Tafel. Also liegt der Numerus zwischen den zu diesen beiden Mantissen gehörigen Numeri, d. h. zwischen 1304 und 1305, wofür man ebensogut sagen kann: zwischen 13 040 und 13 050. Die Tafeldifferenz beträgt also 3 (1156−1153 = 3!); zu diesem Mantissenzuwachs gehört der Numeruszuwachs 10 (13 050−13 040 = 10!). Der Proportionalteil beträgt aber nur 2 (1155−1153 = 2!); ihm entspricht ein proportional geringerer Numeruszuwachs, der sich aus der Aufgabe ermittelt:

zum Mantissenzuwachs 3 gehört der Numeruszuwachs 10

zum Mantissenzuwachs 2 gehört der Numeruszuwachs ?

Es ist ohne weiteres klar, daß der gesuchte Numeruszuwachs $\frac{2}{3}$ von 10 oder 6,6666... ist. Der Einfachheit runden wir diesen Zuwachs auf Ganze, d. h. auf 7 auf. Unser Numerus heißt demnach $13\,040 + 7 = 13\,047$. Die Kennziffer $+2$ verrät uns, daß der Numerus dreistellig sein muß, so daß wir nun wissen:

$$x = 130{,}47.$$

Wenn also eine Mantisse nicht in der Tafel zu finden ist, weist dies darauf hin, daß der

Numerus nicht bloß vier-, sondern fünfzifferig ist; auf sechste, siebente und folgende Ziffern des Numerus verzichten wir in einem solchen Falle, da wir mit ihnen doch nur zum Scheine genau wären.

Wieder können wir uns zur Ermittelung einer solchen fünften Ziffer der Hilfstabellen bedienen, indem wir für unser Beispiel in der zur Tafeldifferenz 3 gehörigen Hilfstabelle den Mantissenzuwachs 2 rechts vom Vertikalstrich aufsuchen; da sich die 2 selber dort nicht findet, nehmen wir statt ihrer die zunächstliegende Zahl 2,1, zu welcher links vom Strich als fünfte Ziffer des Numerus die 7 gehört.

Nachdem wir so die Technik des Aufsuchens von Logarithmen und Numeri auseinandergesetzt haben, wollen wir daran gehen, eine Reihe von Aufgaben als Anleitungen zu selbständigem Rechnen durchzugehen. Über diesen Aufgaben mögen als eine Art Leitmotiv diejenigen Sätze stehen, welche H. B. Lübsen über den Wert der Logarithmen in seinem mathematischen Unterrichtswerk geschrieben hat:

„Erst als man an Logarithmen dachte und vollständige Tafeln für sie berechnete, wurde die praktische Arithmetik zur Vollkommenheit gebracht. Rechnungen, die noch zu Kepler's Zeiten ganze Tage und Wochen erforderten, oder die man gar, wegen unübersteiglicher praktischer Schwierigkeiten, zum großen Nachteil der Wissenschaft und des bürgerlichen Wohls ganz aufgeben mußte, können jetzt mit Hilfe der Logarithmen in wenig Minuten selbst von einem Anfänger der Mathematik gemacht werden. Und nicht ganz unpassend sagt daher ein Engländer: die Logarithmen sind in der Mathematik das, was die Dampfmaschine in der Mechanik ist."

Abschnitt 10. Beispiele logarithmischer Rechnungen.

A. Produkte:

1. Beispiel: Es ist das Produkt $x = 12{,}345 \cdot 187{,}34$ zu berechnen!
Die Rechnung folgt der Formel:

$$\log x = \log 12{,}345 + \log 187{,}34$$

$\log 12{,}345 = 0{,}0915 + 1$
$\log 187{,}34 = 0{,}2726 + 2$

durch Add.: $\log x \quad = 0{,}3641 + 3$
$\quad\quad\quad\quad x \;= 2312{,}5$

2. Beispiel: Es ist das Produkt $x = 123{,}45 \cdot 0{,}0018734$ zu berechnen!
Die Rechnung folgt der Formel:

$$\log x = \log 123{,}45 + \log 0{,}0018734$$

$\log 123{,}45 \quad = 0{,}0915 + 2$
$\log 0{,}0018734 = 0{,}2726 - 3$

durch Add.: $\log x \quad\quad = 0{,}3641 - 1$
$\quad\quad\quad\quad x \;= 0{,}23125$

3. Beispiel: Es ist das Produkt $x = 0{,}012345 \cdot 0{,}18734$ zu berechnen!
Die Rechnung folgt der Formel:

$$\log x = \log 0{,}012345 + \log 0{,}18734$$

$\log 0{,}012345 = 0{,}0915 - 2$
$\log 0{,}18734 = 0{,}2726 - 1$
durch Add.: $\log x = 0{,}3641 - 3$
$\phantom{\text{durch Add.: log }} x = 0{,}0023125$

B. Brüche:

4. Beispiel: Es ist der Bruch $x = \dfrac{12{,}345}{187{,}34}$ zu berechnen!
Die Rechnung folgt der Formel:

$$\log x = \log 12{,}345 - \log 187{,}34$$

$\log 12{,}345 = 0{,}0915 + 1$
$\log 187{,}34 = 0{,}2726 + 2$
durch Subtr.: $\log x = 0{,}8189 - 2$
$\phantom{\text{durch Subtr.: log }} x = 0{,}0659$

Beim Subtrahieren des zweiten Logarithmus vom ersten ist zweierlei zu beachten gewesen:

Da der Subtrahend 0,2726 größer als der Minuend 0,0915 ist, muß der erste Logarithmus in (1,0915 + 0) umgeschrieben werden. Ferner ist der Abzug der Kennziffer +2 des zweiten Logarithmus gleichbedeutend mit der Zufügung von −2.

5. Beispiel: Es ist der Bruch $x = \dfrac{123{,}45}{0{,}0018734}$ zu berechnen!
Die Rechnung folgt der Formel:

$$\log x = \log 123{,}45 - \log 0{,}0018734$$

$\log 123{,}45 = 0{,}0915 + 2 \quad$ (umzuschreiben in 1,0915 + 1)
$\log 0{,}0018734 = 0{,}2726 - 3 \quad$ (−3 abziehen ist dasselbe wie +3 zu-
durch Subtr.: $\log x = 0{,}8189 + 4 $ fügen)
$\phantom{\text{durch Subtr.: log }} x = 65\,900$

6. Beispiel: Es ist der Bruch $x = \dfrac{0{,}012345}{0{,}18734}$ zu berechnen!
Die Rechnung folgt der Formel:

$$\log x = \log 0{,}012345 - \log 0{,}18734$$

$\log 0{,}012345 = 0{,}0915 - 2 \quad$ (umschreiben in 1,0915 − 3)
$\log 0{,}18734 = 0{,}2726 - 1 \quad$ (− 1 abziehen ist dasselbe wie +1 zu-
durch Subtr.: $\log x = 0{,}8189 - 2 $ fügen)
$\phantom{\text{durch Subtr.: log }} x = 0{,}0659$

C. Potenzen:

7. Beispiel: Es ist die Potenz $x = 187{,}34^3$ zu berechnen!
Die Rechnung folgt der Formel:
$$\log x = 3 \cdot \log 187{,}34$$
$$\log 187{,}34 = 0{,}2726 + 2$$
durch Mult.: $\log x \quad = 0{,}8178 + 6$
$$x \quad = 6574000$$

8. Beispiel: Es ist die Potenz $x = 187{,}34^4$ zu berechnen!
Die Rechnung folgt der Formel:
$$\log x = 4 \cdot \log 187{,}34$$
$$\log 187{,}34 = 0{,}2726 + 2$$
durch Mult.: $\log x \quad = 0{,}0904 + 9 \quad$ (statt $1{,}0904 + 8$ gesetzt)
$$x \quad = 1\,231\,300\,000$$

9. Beispiel: Es ist die Potenz $x = 0{,}0018734^2$ zu berechnen!
Die Rechnung folgt der Formel:
$$\log x = 2 \cdot \log 0{,}0018734$$
$$\log 0{,}0018734 = 0{,}2726 - 3$$
durch Mult.: $\log x \quad = 0{,}5452 - 6$
$$x \quad = 0{,}000003509$$

D. Wurzeln:

10. Beispiel: Es ist die Wurzel $x = \sqrt[2]{12{,}345}$ zu berechnen!
Die Rechnung folgt der Formel:
$$\log x = (\log 12{,}345) : 2$$
$$\log 12{,}345 = 0{,}0915 + 1$$
Da die Kennziffer $+1$ nicht durch 2 teilbar ist, muß man umschreiben in
$$1{,}0915 + 0$$
durch Div.: $\log x \quad = 0{,}5458 + 0$
$$x \quad = 3{,}514$$

11. Beispiel: Es ist die Wurzel $x = \sqrt[3]{123{,}45}$ zu berechnen!
Die Rechnung folgt der Formel:
$$\log x = (\log 123{,}45) : 3$$
$\log 123{,}45 = 0{,}0915 + 2 \quad$ (wegen Division durch 3 umschreiben in
durch Div.: $\log x \quad = 0{,}6972 + 0 \hfill 2{,}0915 + 0)$
$$x \quad = 4{,}98$$

12. Beispiel: Es ist die Wurzel $x = \sqrt[4]{0{,}012345}$ zu berechnen!
Die Rechnung folgt der Formel:
$$\log x = (\log 0{,}012345) : 4$$
$\log 0{,}012345 = 0{,}0915 - 2 \quad$ (wegen Division durch 4 umschreiben in
$$2{,}0915 - 4)$$

durch Div.:   log x   = 0,5229 − 1
              x   = 0,33335

E. Gemischte Rechnung:

13. Beispiel: Es ist der Ausdruck $x = \sqrt[3]{\dfrac{0,8753 \cdot 22,494^2}{0,017394^4}}$ zu berechnen!

Die Rechnung folgt der Formel:

$\log x = (\log 0,8753 + 2 \cdot \log 22,494 - 4 \cdot \log 0,017394) : 3$

log 22,494   = 0,3521 + 1
2 . log 22,494 = 0,7042 + 2 ⎤
log 0,8753   = 0,9422 − 1 ⎦ addieren!

durch Add.: log Zähler = 0,6464 + 2   log 0,017394 = 0,2404 − 2
             log Nenner = 0,9616 − 8   4 . log 0,017394 = 0,9616 − 8
durch Subtr.: log Bruch = 0,6848 + 9
durch Div.: log x = 0,2283 + 3
             x = 1691,7

F. Unterbrochene logarithmische Rechnung:

Der Fall kann eintreten, daß innerhalb der Multiplikationen, Divisionen, Potenzierungen und Radizierungen der Aufgabe eine Addition oder Subtraktion vorhanden ist. Diese würde den Gang der logarithmischen Rechnung stören, weil ja eine Addition oder Subtraktion von Numeri nichts Entsprechendes auf der Seite der Logarithmen hat. Dann bleibt nichts anderes übrig, als den Gang der logarithmischen Rechnung zu unterbrechen und die Addition oder Subtraktion im Numerusgebiete auszuführen. Auch dafür sein ein Beispiel durchgerechnet.

14. Beispiel: Es ist der Ausdruck $x = \sqrt[4]{83 - 7 \cdot \sqrt[3]{0,947}}$ zu berechnen. Man muß hierin von der Zahl 83 das Produkt $7 \cdot \sqrt[3]{0,947}$ abziehen, wobei einem keine Logarithmenrechnung vereinfachend hilft. Wohl aber kann man sich das genannte Produkt durch Zuhilfenahme von Logarithmen verschaffen:

$\log (7 \cdot \sqrt[3]{0,947}) = \log 7 + \tfrac{1}{3} \cdot \log 0,947$

log 0,947 = 0,9763 − 1   (wegen Division durch 3 umzuschreiben in 2,9763 − 3)

$\tfrac{1}{3}$. log 0,947 = 0,9921 − 1 ⎤
log 7 = 0,8451 + 0 ⎦ addieren!

durch Add.: log $(7 \cdot \sqrt[3]{0,947})$ = 0,8372 + 0
             $7 \cdot \sqrt[3]{0,947}$ = 6,874

Diese Zahl muß von 83 abgezogen werden:

83 − 6,874 = 76,126

Also ist jetzt $x = \sqrt[4]{76,126}$

Dieser Rechenausdruck ist wieder logarithmisch berechenbar:

$$\log x = (\log 76{,}126) : 4$$

$\log 76{,}126 = 0{,}8816 + 1$ (wegen Division durch 4 umzuschreiben in

durch Div.: $\log x = 0{,}4704 + 0$ $\qquad\qquad 1{,}8816 + 0$)

$x = 2{,}954$

Solche Art von logarithmischer Rechnung wird als unterbrochene logarithmische Rechnung bezeichnet; sie liegt stets vor, wenn der Rechenausdruck an irgendeiner Stelle eine Addition oder eine Subtraktion verlangt.

Abschnitt 11. Das Verhältnis der verschiedenen Logarithmensysteme zueinander.

In Abschnitt 3 hatten wir das Reihenpaar

Potenzen	$\tfrac{1}{32}$	$\tfrac{1}{16}$	$\tfrac{1}{8}$	$\tfrac{1}{4}$	$\tfrac{1}{2}$	1	2	4	8	16	32
Hochzahlen	−5	−4	−3	−2	−1	0	1	2	3	4	5

verbildlicht, indem wir auf einer waagerechten Geraden in gleichen Abständen die Hochzahlen auftrugen und senkrecht dazu nach oben in dem für die Hochzahlen gewählten Maßstabe die Potenzen (siehe Figur 2). Wir wollen diese Zeichnung nun dahin vereinfachen, daß wir nur die waagerechte Gerade als Träger der Hochzahlen beibehalten, die Senkrechten jedoch fortlassen und statt ihrer als eine Art Erinnerung an ihre Länge die betreffende Potenzzahl zu der zugehörigen Hochzahl hinzuschreiben. Dann entsteht folgendes Bild:

1)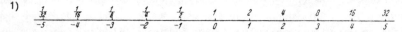

Wie ersichtlich, bezeichnen die unterhalb der Geraden befindlichen Zahlen die einzelnen Hochzahlen oder Logarithmen, die oberhalb der Geraden befindlichen Zahlen die betreffenden Potenzzahlen oder Numeri. Nun wollen wir uns mit einer einzigen Beschriftung begnügen, indem wir die Hochzahlbezeichnung weglassen. Dann entsteht folgendes Bild:

Die Hochzahlfolge ist nun verschwunden und mit ihr auch die Grundzahl 2, auf der sich alles aufgebaut hat. Es scheint zwar so, als ob die Beschriftung die Grundzahl 2 zur Voraussetzung habe. Aber nichts hindert uns anzunehmen, daß für die Beschriftung die Grundzahl 4 oder gar die Grundzahl 8 bestimmend gewesen sei; dann hätte die Gerade vor dem Weglassen der Hochzahlen folgendes Aussehen haben müssen:

2) Grundzahl 4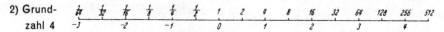

3) Grundzahl 8

Wir nehmen die Grundzahl 4 bzw. 8, wie es auch sein muß, über der Hochzahl 1 wahr. Über der Hochzahl 2 steht die zweite Potenz der Grundzahl, nämlich 4.4 = 16 bzw. 8.8 = 64, usw. Wie steht es jedoch mit den Zwischenzahlen, unter denen nun keine Hochzahl mehr zu finden ist? Betrachten wir zu diesem Behufe in der ersten der beiden Geraden (Grundzahl 4!) die Mitte zwischen den beiden Hochzahlen 0 und 1! Dort hätte die Hochzahl $\tfrac{1}{2}$ zu stehen; darüber gewahren wir die Potenzzahl 2. Wenn diese Zuordnung richtig wäre, müßte gelten:

$$4^{\tfrac{1}{2}} = 2$$

Das ist auch richtig; denn unter der Potenz $4^{\tfrac{1}{2}}$ versteht man die Wurzel $\sqrt[2]{4^1} = \sqrt[2]{4}$, d. h. diejenige Zahl, welche, mit sich selber malgenommen, 4 ergibt, und das ist ja die 2. So könnte man in jedem einzelnen Falle zeigen, daß auch die Zwischenzahlen an richtiger Stelle stehen, wenn man statt der 2 eine andere Grundzahl, etwa die 4 oder die 8, maßgebend sein läßt.

Wir kehren nun zu der Geraden, an welcher die Hochzahlen unbezeichnet geblieben sind, zurück:

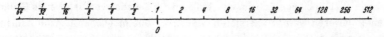

Von einer bestimmten Grundzahl kann man also an ihr nicht mehr reden. Darum kann man an ihr die Hochzahl 1 an jede beliebige Stelle setzen. Diese Stelle wird dann die Grundzahl sein müssen. Welche Grundzahl wir jedoch auch wählen mögen, eine bestimmte Stelle der Geraden bekommt stets dieselbe Hochzahl, nämlich die Stelle 1; zu ihr gehört stets die Hochzahl 0. Die nullte Potenz von jeder Grundzahl hat eben den Wert 1 (siehe Schluß von Abschnitt 1!).

Ist nicht durch das Weglassen der Hochzahlen und das damit verbundene Verschwinden der Grundzahl auch Sinn und Bedeutung der Geraden verloren gegangen? Was hat an ihr die Folge der Numeri 1, 2, 4, 8, ... noch zu bedeuten? Das läßt sich nur dadurch ermitteln, daß man verschiedene Grundzahlen unterlegt und das dann Gemeinsame herausfindet. Wir hatten ja schon die Grundzahlen 2, 4 und 8 als Beispiele gewählt.

Grundzahl 2 (siehe Gerade 1!):
Wir betrachten die Entfernung vom Numerus 1 bis zu irgendeinem anderen Numerus, etwa bis zum Numerus 64. Diese Entfernung beträgt 6 Einheiten, d. h. so viel Einheiten, wie der zum Numerus 64 gehörige Logarithmus beträgt:

Entfernung vom Numerus 1 bis zum Numerus 64 gleich $6 = \log 64$.

Grundzahl 4 (siehe Gerade 2!):
Wir betrachten wieder die Entfernung vom Numerus 1 bis zum Numerus 64. Sie beträgt jetzt 3 Einheiten, wobei die Einheit doppelt so groß wie die vorige ist. Wieder sind es so viel Einheiten, wie der zum Numerus 64 gehörige Logarithmus beträgt:

Entfernung vom Numerus 1 bis zum Numerus 64 gleich $3 = \log 64$.

Grundzahl 8 (siehe Gerade 3!):

Wir fassen noch einmal die Entfernung vom Numerus 1 bis zum Numerus 64 ins Auge. Sie beträgt jetzt 2 Einheiten, wobei die Einheit dreimal so groß ist wie beim ersten Mal. Wieder sind es so viel Einheiten, wie der zum Numerus 64 gehörige Logarithmus beträgt:

Entfernung vom Numerus 1 bis zum Numerus 64 gleich $2 = \log 64$.

Wir wollen die Stelle des Numerus 1 den ausgezeichneten Punkt der Geraden nennen. Dann haben wir für den Numerus 64 gefunden:

Die Entfernung des ausgezeichneten Punktes von dem Numerus 64 ist der Logarithmus von 64 in bezug auf diejenige Basis, die für die Maßeinheit bestimmend war.

Was für den Numerus 64 gezeigt wurde, läßt sich auch für jeden anderen Numerus zeigen, und die Beschränkung auf die Grundzahlen 2, 4 und 8 ist ebenfalls unnötig. Allgemein gilt:

Die Entfernungen des ausgezeichneten Punktes von den einzelnen Zahlen sind die Logarithmen der betreffenden Zahlen auf beliebiger, aber für alle Zahlen gleicher Basis.

Um nun auch noch den Schein, als ob die an der Geraden vorausgesetzte Grundzahl die Zahl 2 gewesen wäre, zu zerstören, wollen wir alle möglichen ganzen Zahlen, die an der Geraden rechts der 1 noch fehlen, sowie die entsprechenden Stammbrüche links der 1 einschalten, also zwischen 2 und 4 die Zahl 3, zwischen 4 und 8 die Zahlen 5, 6 und 7 usw. Es kommt natürlich darauf an, daß sie an die richtige Stelle der Geraden gesetzt werden. Eines ist dabei bereits klar, daß die Abstände zwischen den Zahlen 1, 2, 3, 4, 5, ... nach rechts zu immer kleiner werden; die Zahlen stehen immer dichter beieinander. Um ihre genaue Lage zu ermitteln, können wir nach dem Vorigen eine beliebige Basis zugrundelegen, auch die Basis 10, indem wir dann die Längen von 1 bis 2, von 1 bis 3, von 1 bis 4, von 1 bis 5 usw. als die dekadischen Logarithmen von 1, 2, 3, 4, 5, ... aus der Tafel Seite 1 entnehmen. Da wir die Maßeinheit, die wir zugrundelegen, noch frei haben, wollen wir der Strecke von 1 bis 10, also $\log 10 = 1{,}0000$, die Länge 10 cm geben. Dann liegt der Zeichnung der Geraden folgende Aufstellung zugrunde:

Länge von 1 bis 2 = log 2 = 0,3010 = 3,010 cm
„ „ 1 „ 3 = „ 3 = 0,4771 = 4,771 „
„ „ 1 „ 4 = „ 4 = 0,6021 = 6,021 „
„ „ 1 „ 5 = „ 5 = 0,6990 = 6,990 „
„ „ 1 „ 6 = „ 6 = 0,7782 = 7,782 „
„ „ 1 „ 7 = „ 7 = 0,8451 = 8,451 „
„ „ 1 „ 8 = „ 8 = 0,9031 = 9,031 „
„ „ 1 „ 9 = „ 9 = 0,9542 = 9,542 „
„ „ 1 „ 10 = „ 10 = 1,0000 = 10,000 „

Die Zahlen links der 1 ergeben sich dann auf Grund der Beziehungen:

$$\log 0,9 = 0,9542 - 1 = 9,542 \text{ cm} - 10 \text{ cm}$$
$$\text{,, } 0,8 = 0,9031 - 1 = 9,031 \text{ ,, } -10 \text{ ,,}$$
$$\text{,, } 0,7 = 0,8451 - 1 = 8,451 \text{ ,, } -10 \text{ ,,}$$
$$\dots\dots\dots\dots\dots\dots\dots\dots\dots\dots\dots$$
$$\log 0,2 = 0,3010 - 1 = 3,010 \text{ cm} - 10 \text{ cm}$$

Wir brauchen also von den Stellen 1, 2, 3, 4, 5, ... nur um die Maßeinheit 10 cm nach links zu gehen, um auf die Stellen 0,1, 0,2, 0,3 0,4 0,5 ..... zu stoßen:

```
  0,3   0,4  0,5  0,6 0,7 0,8 0,9  1                  2              3
  |_____|____|____|___|___|___|____|_____|_____|
                            0
```

Ein Fortschreiten von den Stellen 1, 2, 3, 4, 5, ... aus um die Länge der Maßeinheit 10 cm nach rechts hin würde zu den Zahlen 20, 30, 40, 50, ... 100 führen. Ebenso falsch, wie es vorhin war, als Basis die Zahl 2 zu vermuten, würde es jetzt sein, als Basis dieser Einteilung die Zahl 10 zu vermuten, wenn auch bei der Herstellung der Einteilung die Basis 10 verwendet wurde. Aber nun, nachdem die Einteilung einmal da ist, kann ihr jede beliebige Basis zugrundeliegend gedacht werden. Wird die Basis 2 vorausgesetzt, so ist eben die Länge von 1 bis 2 die Einheit. Wird die Basis 10 vorausgesetzt, so ist die Länge von 1 bis 10 die Einheit. Das heißt: die Hochzahl 1 gehört das erste Mal unter die 2, das zweite Mal unter die 10.

Aus allem dem läßt sich eine interessante Schlußfolgerung ziehen, die sich vielleicht dem Leser schon von selber aufgedrängt hat. Vergleichen wir z. B. die horizontalen Längen für die Logarithmen auf der Basis 2, die man ja auch dyadische Logarithmen nennt, mit den horizontalen Längen für die Logarithmen auf der Basis 10, also für die dekadischen Logarithmen!

$$\text{dyad. } \log 2 = 1 \qquad \text{dek. } \log 2 = 0,3010 = 1 \cdot 0,3010$$
$$\text{dyad. } \log 4 = 2 \qquad \text{dek. } \log 4 = 0,6021 = 2 \cdot 0,3010$$
$$\text{dyad. } \log 8 = 3 \qquad \text{dek. } \log 8 = 0,9031 = 3 \cdot 0,3010$$
$$\dots\dots\dots\dots\dots \qquad \dots\dots\dots\dots\dots\dots\dots\dots$$
$$\dots\dots\dots\dots\dots \qquad \dots\dots\dots\dots\dots\dots\dots\dots$$

Wir sehen, der dyadische Logarithmus einer Zahl z verhält sich zum dekadischen Logarithmus derselben Zahl z stets so, wie sich die Zahl 1 zur Zahl 0,3010 verhält. Nun ist 1 der dyadische Logarithmus von 2 und 0,3010 der dekadische Logarithmus von 2. Es gilt also die Proportion:

$$\text{dyad. } \log z : \text{dek. } \log z = \text{dyad. } \log 2 : \text{dek. } \log 2$$
$$= \qquad 1 \quad : \quad 0,3010$$

Für jede Proportion ist ja das Produkt der Außenglieder gleich dem Produkt der Innenglieder; das heißt in unserem Falle:

$$1 \cdot \text{dek. } \log z = 0,3010 \cdot \text{dyad. } \log z$$

Angenommen, man hätte nicht eine Tafel dekadischer, sondern eine solche dyadischer Logarithmen errechnet, und man wollte nun noch eine Tafel dekadischer Logarithmen

gewinnen, so brauchte man also nur jeden dyadischen Logarithmus mit der Zahl 0,3010 zu multiplizieren, um den dekadischen Logarithmus desselben Numerus zu haben. Von größerer praktischer Bedeutung ist jedoch die umgekehrte Aufgabe:
aus dem vorhandenen dekadischen Logarithmensystem das dyadische zu errechnen!
Der Lösung dieser Aufgabe liegt dann die aus dem Obigen folgende Rechenbeziehung zugrunde:

$$\text{dyad. log } z = \frac{1}{0{,}3010} \cdot \text{dek. log } z$$

$$= 3{,}3551 \cdot \text{dek. log } z$$

Man nehme also alle dekadischen Logarithmen mit der Zahl 3,3551 mal, und man hat die dyadischen Logarithmen desselben Numerus.

Von einem Logarithmensystem zum anderen waltet also eine Übergangszahl, die man in der Mathematik den Modul nennt. Der Modul des dyadischen Systems in bezug auf das dekadische ist also die Zahl 3,3551.., wogegen der Modul des dekadischen Systems in bezug auf das dyadische die Zahl 0,3010.. ist. Die beiden genannten Moduln ergeben, wie wir gesehen haben, miteinander multipliziert, die Zahl 1; der eine ist, wie man sich auszudrücken pflegt, der reziproke Wert des andern.

Welche logarithmische Bedeutung haben die beiden genannten Moduln? Von der einen Modulzahl, der Zahl 0,3010.., wissen wir bereits, daß sie der dekadische Logarithmus von 2 ist. Ist der andere Modul, die Zahl 3,3551.., auch ein Logarithmus? Um das zu entscheiden, wenden wir die Proportion

$$\text{dyad. log } z : \text{dek. log } z = \text{dyad. log } 2 : \text{dek. log } 2$$

auf den Fall $z = 10$ an:

$$\text{dyad. log } 10 : \text{dek. log } 10 = \text{dyad. log } 2 : \text{dek. log } 2$$

Nun wissen wir:

$$\text{dek. log } 10 = 1$$
$$\text{dyad. log } 2 = 1$$

Daher vereinfacht sich die letzte Proportion zu:

$$\text{dyad. log } 10 : 1 = 1 : \text{dek. log } 2$$

Aus ihr gewinnen wir die Gleichung der Produkte der Außenglieder und der Innenglieder:

$$\text{dyad. log } 10 \cdot \text{dek. log } 2 = 1$$

Die Gleichung

$$3{,}3551 \cdot 0{,}3010 = 1$$

ist damit identisch, und wir erkennen, daß die andere Modulzahl, nämlich 3,3551.. der dyadische Logarithmus der Zahl 10 ist.

Wir haben damit folgende beiden Übergangsformeln gewonnen:

$$\text{dek. log } z = \text{dek. log } 2 \cdot \text{dyad. log } z = 0{,}3010 \cdot \text{dyad. log } z$$
$$\text{dyad. log } z = \text{dyad. log } 10 \cdot \text{dek. log } z = 3{,}3551 \cdot \text{dek. log } z$$

Was hier über das Verhältnis des dyadischen Systemes zum dekadischen auseinandergesetzt worden ist, gilt natürlich auch für das Verhältnis zweier beliebiger Systeme zueinander; immer führt eine für die beiden feststehende Zahl, der Modul, von einem System zum anderen hinüber.

Abschnitt 12. Der logarithmische Rechenstab.

Wir wollen uns nun zwei Holzstäbe geschnitten denken, die, aneinandergelegt, an ihren einander zugekehrten Rändern die zuletzt mit Hilfe dekadischer Logarithmen gewonnene Einteilung aufweisen. Mit dieser Kombination zweier gleichartiger Stäbe kann man wunderbar einfach Multiplikationen und Divisionen ausführen. Das wurde schon bald, nachdem Lord Neper die Logarithmen entdeckt hatte, von einem anderen Mathematiker erkannt. Im selben Jahre, in dem Briggs seine ,,Arithmetica logarithmica" herausbrachte, im Jahre 1624, fertigte Edmund Gunter solche Rechenstäbe an; sie erhielten den Namen Gunter's Scales. Wir wollen ihren Mechanismus zu verstehen suchen:

Multiplikationen:

Man habe es mit der Aufgabe 2.3 zu tun. Wir wählen die Aufgabe absichtlich so einfach wie möglich, davon absehend, daß man natürlich dieselbe direkt, ohne Zuhilfenahme von Logarithmen, löst. Zunächst mögen die beiden Stäbe so aneinanderliegen, daß die gleichen Zahlen übereinanderliegen. Nun schiebt man den unteren Stab solange an dem oberen entlang, bis die untere 1 unter der oberen 2 erscheint (Figur 13). Dann werden wir über der unteren 3 auf dem oberen Stabe die Zahl entdecken, welche herauskommen muß, die 6. Der Grund dieses Verhaltens beider Stäbe geht aus der ja für jede beliebige Basis geltenden Vereinfachungsregel hervor:

$$\log 6 = \log (2 . 3) = \log 2 + \log 3$$

Figur 13

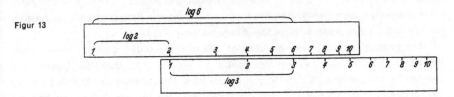

Divisionen:

Für die Divisionen leuchtet uns nun die Handhabung des Stabpaares bereits ein. Es handele sich um die Aufgabe 6 : 3. Dann placiert man den unteren Stab so, daß die obere 6 über der unteren 3 erscheint, wie es die Figur bereits zeigt. Über der unteren 1 wird dann das Ergebnis der Division, die 2, erscheinen. Hier liegt ja die Regel zugrunde:

$$\log 2 = \log (6 : 3) = \log 6 - \log 3$$

Zwecks praktischer Handhabung verfeinert man nun die Einteilung der beiden Stäbe dadurch, daß man zwischen die ganzen Zahlen da, wo es der Raum zuläßt, Zehntel oder gar Hundertstel durch Unterteilungsstriche einschaltet. Das gelingt natürlich nur, wenn man die Stäbe hinreichend lang macht. Bei den käuflichen Rechenschiebern hat die Zahl 1 von der Zahl 10 etwa einen Abstand von 25 cm. Natürlich werden die Unterteilungen nach der Zahl 10 zu immer enger und, da man ja für das unbewaffnete Auge nicht beliebig dicht unterteilen kann, weil sonst beim Lesen alles verschwimmt, auch immer gröber. So kann der Raum zwischen 1 und 2 noch bis auf Hundertstel unterteilt werden, wobei zwischen zwei Hundertstelstrichen noch Abschätzung möglich ist. Der Raum zwischen 9 und 10 ist jedoch bereits so eng, daß er nur in 20 Unterabteilungen gegliedert werden kann. Die Einteilung hat sich also von einem Ende zum andern auf das 5fache vergröbert.

Handelt es sich um Multiplikationen oder Divisionen von Zahlen über 10, oder überschreitet das Ergebnis die Zahl 10, so kann man sich bei einem Stabpaar, das nur bis 10 geht, dadurch helfen, daß man von den Zahlen, mit denen man zu operieren hat, Stellen solange abstreicht, bis sie selber und ihr Ergebnis unter 10 zu liegen kommen. So wird man statt der Aufgabe 1257 . 386 die Aufgabe 1,257 . 3,86 auf dem Stabpaar rechnen und im abgelesenen Ergebnis, das 4,85 lautet, das Komma wieder um so viel Stellen nach rechts rücken, wie Stellen abgestrichen wurden, d. h. um 5 Stellen, so daß 485 000 herauskommt. Eine direkte Multiplikation würde 485 202 ergeben haben. Aus dieser Technik ersehen wir, daß natürlich das Rechnen mit dem Schieber keine exakten Ergebnisse liefert; um der Schnelligkeit und Einfachheit der Rechnung willen muß man eben eine gewisse Ungenauigkeit in Kauf nehmen. Das Anwendungsgebiet des Rechenschiebers ist daher der Bereich derjenigen Rechnungen, bei denen über einen gewissen Grad der Genauigkeit nicht hinausgegangen zu werden braucht.

Um auch Potenzierungen oder gar Radizierungen vornehmen zu können, bedarf es einer weiteren Vervollkommnung des Apparates. Das Potenzieren ließe sich ja zur Not noch durch ein fortgesetztes Multiplizieren bewältigen. Aber schon beim einfachsten Radizieren, dem Berechnen einer zweiten Wurzel aus einer gegebenen Zahl, wäre man hilflos. Zum Zwecke des Arbeitens mit der zweiten Potenz und mit der zweiten Wurzel erfährt der Apparat folgende Ausgestaltung (Figur 14):

Man kombiniert nicht zwei gleichartige Stäbe miteinander, sondern einen Stab, der von 1 bis 10 geht, mit einem Stab, der von 1 bis 100 geht, wobei die Distanz des zweiten Stabes zwischen 1 und 100 die gleiche ist wie die Distanz der Zahlen 1 und 10 des ersten Stabes. Man macht also die Maßeinheit des zweiten Stabes nur halb so lang wie diejenige des ersten Stabes:

Figur 14:

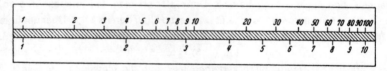

Zum Unterschiede gegen die beiden früheren, gleichartigen Stäbe läßt man die beiden neuen Stäbe fest miteinander verbunden in der Lage, wie sie die Figur zeigt. Dann steht über jeder Zahl ihre Quadratzahl, ihre zweite Potenz; über der 2 sehen wir die 4, über der 3 die 9. Über der 4 würde die 16 zu stehen kommen, usw. Woher kommt das? Bei gleicher Maßeinheit beider Stäbe müßte z. B. sein:

$$\log 16 = \log (4^2) = 2 . \log 4.$$

Da aber die untere Maßeinheit das Doppelte der oberen ist, wird log 16 oben ebenso lang wie log 4 unten. Während das Quadrieren auf einem Ermitteln der oberen Zahl auf Grund der unteren beruht, wird das Berechnen der zweiten Wurzel einer Zahl, das Quadratwurzelziehen, in umgekehrter Richtung vor sich gehen. Unter jeder Zahl steht ihre Quadratwurzel. In diesem schnellen Ermitteln der Quadratwurzel zeigt der Rechenschieber aufs eindeutigste seinen Nutzen.

Auch das Berechnen vierter Potenzen und vierter Wurzeln ist nun ein Leichtes, besteht doch das Erheben einer Zahl in die 4. Potenz in einem zweimaligen Quadrieren und das Berechnen der 4. Wurzel aus einer Zahl in dem Ermitteln der Quadratwurzel aus der Quadratwurzel! Es handele sich z. B. um die Aufgabe $\sqrt[4]{81}$! Wir suchen die Zahl 81 oben und finden unter ihr die 9, welche wir nun wiederum oben aufsuchen, um unter ihr die 3 zu finden; dann ist 3 die gesuchte 4. Wurzel.

Um das genaue Ablesen untereinanderstehender Zahlen zu erleichtern, ist ein Fenster angebracht, das einen vertikalen Ätzstrich aufweist und sich längs des Stabpaares verschieben läßt.

Es bleibt nun nur noch zu überlegen, wie man in einem einzigen Apparate das Stabpaar der Multiplikation und der Division mit dem Stabpaar des Quadrierens und des Quadratwurzelziehens vereinigt. Die Lösung besteht darin, daß man bei dem letzteren Stabpaar einen Zwischenraum nutenartig frei läßt, in den eine sogenannte Zunge eingeschoben wird (Figur 15). Dieselbe legt sich dann mit ihrem oberen Rande an den Stab mit der Einteilung 1—100 an, mit ihrem unteren Rande an den Stab mit der Einteilung 1—10. Man versieht nun die Zunge oben ebenfalls mit der Einteilung 1—100 und unten mit der Einteilung 1—10, so daß jetzt oben unmittelbar untereinander zwei kongruente Einteilungen 1—100 vorhanden sind und unten unmittelbar untereinander zwei kongruente Einteilungen 1—10. Das Fenster mit dem Ätzstrich greift über alle vier Einteilungen hinüber. Bei herausgezogener Zunge sieht der Apparat folgendermaßen aus:

Figur 15:

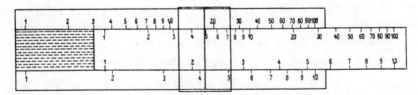

Mit dieser Kombination von „Stab" und „Zunge" kann man mit Leichtigkeit sowohl multiplizieren wie dividieren wie quadrieren wie auch radizieren. Das Multiplizieren und Dividieren geschieht entweder längs der beiden unteren kongruenten Einteilungen 1—10 oder längs der beiden oberen kongruenten Einteilungen 1—100 durch Herausziehen der Zunge. Das Quadrieren und Quadratwurzelziehen bedarf ja der Zunge überhaupt nicht; diese wird dabei in den Stab völlig hineingeschoben.

Durch die Kombination von Stab und Zunge ist ein anderes Problem mitgelöst, nämlich das Berechnen der dritten Potenz und, was noch wichtiger ist, das Berechnen der dritten Wurzel, der Kubikwurzel. An einfachen Beispielen, die sich auch im Kopfe berechnen ließen, sei dies erläutert.

Berechnung der 3. Potenz:

Es handele sich um die Berechnung von 4^3. Wir stellen den Ätzstrich auf die unterste 4; er wird dann auch durch die oberste 16 gehen, die aber gar nicht abgelesen zu werden braucht. Wir rücken nun die obere 1 der Zunge genau unter den Ätzstrich des Fensters, schieben den Ätzstrich weiter bis zur oberen 4 der Zunge und lesen ab, welche Zahl auf der obersten Einteilung von ihm bedeckt ist. Es wird die Zahl 64 sein, die ja die 3. Potenz von 4 darstellt.

Berechnung der Kubikwurzel:

Es handelt sich um die Berechnung von $\sqrt[3]{64}$; wir wissen durch Kopfrechnung, daß 4 herauskommen muß. Um dieses Ergebnis an dem Apparate ablesen zu können, ziehen wir die Zunge ganz heraus und stecken sie verkehrt wieder hinein (Figur 16),

Figur 16

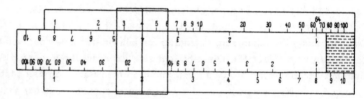

so daß die Einteilung 1—10 auf ihr jetzt oben liegt, die 1 rechts, die 10 links, beide auf den Kopf gestellt. Die Einteilung 1—100 der Zunge wird jetzt unten liegen, die 1 rechts, die 100 links, beide ebenfalls auf den Kopf gestellt. Wir schieben nun die Zunge so weit nach links heraus, daß ihre obere 1 unter die 64 der obersten Einteilung zu liegen kommt. Dann werden auf den beiden oberen der vier Einteilungen lauter voneinander abweichende Zahlen untereinander stehen mit einer Ausnahme, der Zahl 4, und diese ist das gesuchte Ergebnis. Übrigens stehen auch auf den beiden unteren der vier Einteilungen lauter voneinander abweichende Zahlen übereinander mit Ausnahme wieder der Zahl 4, des gesuchten Ergebnisses. Woher kommt dies alles? Um $\sqrt[3]{64}$ zu erhalten, muß man nach der Vereinfachungsformel:

$$\log \sqrt[3]{64} = \tfrac{1}{3} \cdot \log 64$$

die Strecke log 64, die sich oben von der Zahl 1 bis zur Zahl 64 erstreckt, dritteln; am Ende des Drittels, das der Zahl 1 der obersten Einteilung rechts anliegt, wird die gesuchte Zahl $\sqrt[3]{64}$ liegen müssen. Dieses Dritteln der Länge log 64 geschieht eben sinnvoll durch das verkehrte Hineinstecken der Zunge. Weil dabei die untere Einteilung der Zunge nach oben zu liegen kommt und weil diese Einteilung eine doppelt so große Maßeinheit wie die oberste Einteilung aufweist, ist die Strecke von 1 bis 4 oben auf der verkehrten Zunge doppelt so lang wie die sich links an sie anlegende Länge von 4 nach 1 der obersten Einteilung, und die Länge von 1 nach 64 der obersten Einteilung ist tatsächlich an den beiden übereinanderstehenden Vieren gedrittelt. Will man eine andere, nicht bereits im Kopf errechenbare Kubikwurzel ziehen, etwa $\sqrt[3]{20}$, so rücke man die obere 1 der verkehrten Zunge unter die 20 der obersten Einteilung. Wieder stehen auf den beiden oberen Einteilungen lauter verschiedene Zahlen untereinander mit einer Ausnahme, und diese Ausnahme ist das gesuchte Ergebnis. Es gehört allerdings schon einige Übung und Vertrautheit mit der Handhabung des Apparates dazu, um diese Ausnahme zu entdecken und abzulesen.

Abschnitt 13. Nähere Betrachtung der Exponentialkurve.

Die Kurve $y = 2^x$, welche wir in Abschnitt 3 als Verbildlichung der Potenzreihe der Basis 2 gewannen, bildete schon zweimal den Ausgangspunkt von Betrachtungen, in deren Verfolg sich wertvolle Einsichten ergaben. Das eine Mal gewannen wir aus ihr die Bernoulli'sche Spirale mit ihren wunderbaren Eigenschaften (Abschnitt 4), und das andere Mal bildete sie die Grundlage für die Untersuchung des Verhältnisses verschiedener Logarithmensysteme zueinander (Abschnitt 11). Sie führt in der Mathematik den Namen Exponentialkurve. Wir wollen von ihr zum dritten Male ausgehen, um eine wichtige Einsicht zu gewinnen.

Rufen wir uns zu diesem Zwecke in die Erinnerung zurück, wie sie entstand! Wir trugen in den äquidistanten (gleichweit voneinander entfernten) Punkten einer waagerechten Geraden, die die fortschreitenden Hochzahlen

$$-4 \quad -3 \quad -2 \quad -1 \quad 0 \quad 1 \quad 2 \quad 3 \quad 4$$

verbildlichten, die entsprechenden Potenzwerte

$$2^{-4} \quad 2^{-3} \quad 2^{-2} \quad 2^{-1} \quad 2^0 \quad 2^1 \quad 2^2 \quad 2^3 \quad 2^4$$

oder $\quad \frac{1}{16} \quad \frac{1}{8} \quad \frac{1}{4} \quad \frac{1}{2} \quad 1 \quad 2 \quad 4 \quad 8 \quad 16$

als Senkrechten auf. Dann verbanden wir die Enden der Senkrechten geradlinig miteinander so, wie sie aufeinander folgten, und bekamen ein kurvenähnliches Gebilde, das aus lauter aneinandergereihten Strecken bestand (siehe Figur 2!). Für die einzelnen Strecken, die sich immer steiler aufrichten, fanden wir ein bestimmtes Steigungsgesetz:

Die Steigung jeder Strecke ist ebensogroß wie die Längenzahl der Senkrechten ihres Anfangspunktes.

So ist in der Hochzahl 0 eine Senkrechte von der Länge 1, und die schräge Sehne, die im Endpunkte dieser Länge 1 nach rechts oben verläuft, hat gerade die Steigung $1:1 = 1$. An der Stelle der Hochzahl 1 befindet sich eine Senkrechte von der Länge 2, in deren oberem Endpunkte eine schräge Sehne von der Steigung $2:1 = 2$ beginnt. An der Stelle der Hochzahl 2 befindet sich eine Senkrechte von der Länge 4, in deren oberem Endpunkte eine schräge Sehne von der Steigung $4:1 = 4$ beginnt. Usw. Dieses schöne Gesetz von der Übereinstimmung der Steigung einer Sehne mit der Länge der Senkrechten ihres Anfangspunktes muß ja wieder verlorengehen, wenn wir, wie es in Figur 4 geschah, die Enden der Senkrechten krummlinig statt geradlinig verbinden; denn dann hat die Kurve zwischen zwei Senkrechten am Anfange eine geringere Steigung als ihre Sehne, am Ende eine größere Steigung, und irgendwo dazwischen ist ihre Steigung gleich derjenigen der Sehne, und dies alles darum, weil die Kurve zwischen den beiden Senkrechten nach unten durchhängt.

Insbesondere ist die schöne Steigung an der bedeutsamsten Stelle des Sehnenzuges, da, wo die Hochzahl den Wert 0 und die Senkrechte den Wert 1 hat, nämlich die Steigung 1 verlorengegangen. Die Kurve ist nun so beschaffen, daß ihre Steigung, die durch die Richtung ihrer jeweiligen Tangente repräsentiert wird, überall etwas kleiner als die Längenzahl der Senkrechten des betreffenden Kurvenpunktes ausfällt.

Gibt es keine Potenzreihe, deren Kurve an jeder Stelle ebenso stark ansteigt, wie es die Senkrechte des betreffenden Kurvenzuges angibt? Wenn es eine solche gäbe, wäre die Basis der Potenzreihe sicher nicht die Zahl 2. Da die 0. Potenz jeder Basis vom Werte 1 ist, müssen alle Exponentialkurven, auf welcher Basis sie auch aufgebaut sein mögen, über der Hochzahl 0 die Senkrechte 1 aufweisen. Auch die gesuchte, noch hypothetische Exponentialkurve müßte durch den Endpunkt dieser Senkrechten 1 über der Hochzahl 0 hindurchgehen. Dort müßte sie gemäß der von ihr vorausgesetzten Steigungseigenschaft dann genau die Steigung 1 besitzen. Während die Kurve $y = 2$ durch jenen bedeutsamen Punkt so hindurchgeht, daß ihre Tangente dort schwächer geneigt ist als die Schräge von der Steigung 1, müßte die gesuchte Exponentialkurve an jenem bedeutsamen Punkte die Schräge von der Steigung 1 oder, was dasselbe ist, von der Steigung 45 Grad genau zur Tangente haben.

Um dieser Kurve auf die Spur zu kommen, wollen wir von der Basis 2 zu den beiden benachbarten Basen 1 und 3 übergehen und für jede derselben die Potenzreihe und ihre Verbildlichung untersuchen:

Basis 1:

Potenzreihe	1^{-4}	1^{-3}	1^{-2}	1^{-1}	1^0	1^1	1^2	1^3	1^4	1^5	oder
	1	1	1	1	1	1	1	1	1	1	
Hochzahlreihe	−4	−3	−2	−1	0	1	2	3	4	5	

Die zugehörige Exponentialkurve ist, wie wir sofort erkennen, eine Parallele zur Hochzahlgeraden im Abstande 1, d. h. diesmal ausnahmsweise keine krumme Linie. Sie hat als solche überall die Steigung 0, während ihre Senkrechten überall von der Länge 1 sind. Der Übergang von der Basis 2 zur Basis 1 hat uns also von der gesuchten Kurve, sofern sie überhaupt existiert, nur noch weiter weggeführt.

Basis 3:

Potenzreihe	3^{-4}	3^{-3}	3^{-2}	3^{-1}	3^0	3^1	3^2	3^3	3^4	3^5	oder
	$\frac{1}{81}$	$\frac{1}{27}$	$\frac{1}{9}$	$\frac{1}{3}$	1	3	9	27	81	243	
Hochzahlreihe	−4	−3	−2	−1	0	1	2	3	4	5	

Die zugehörige Exponentialkurve samt ihrem Sehnenzuge bietet folgendes Bild (Figur 17):

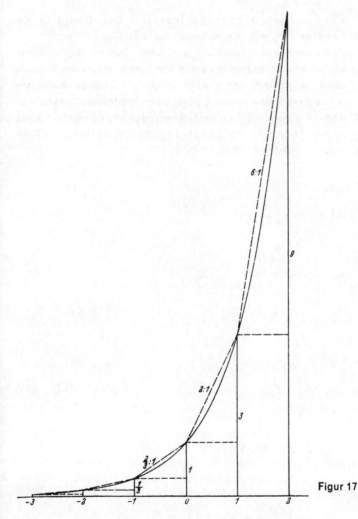

Figur 17

Die Steigungszahlen der einzelnen Sehnen sind an dieselben darangeschrieben und lauten:

$$\tfrac{2}{27}:1,\ \tfrac{2}{9}:1,\ \tfrac{2}{3}:1,\ 2:1,\ 6:1$$

Von Sehne zu Sehne wächst die Steigung auf das Dreifache, wie es auch bei den Senkrechten der Fall ist. In einzelne Zahlen umgeschrieben, lauten die aufeinanderfolgenden Sehnensteigungen:

$$\tfrac{2}{27} \quad \tfrac{2}{9} \quad \tfrac{2}{3} \quad 2 \quad 6$$

Die Länge der Senkrechten am Anfang jeder Sehne beträgt:

$$\tfrac{1}{27} \quad \tfrac{1}{9} \quad \tfrac{1}{3} \quad 1 \quad 3$$

Mithin beträgt hier die Sehnensteigung jedesmal das Doppelte der Längenzahl der Senkrechten am Anfangspunkte der Sehne.

Beim Übergange vom Sehnenzuge zur Kurve geht diese Gesetzmäßigkeit wieder verloren. Die Kurve wird an allen ihren Punkten etwas weniger steil als das Doppelte der Längenzahl der betreffenden Senkrechten. Aber der bloße Anblick der Kurve lehrt bereits, daß die Kurvensteigung zwar unter das Doppelte der betreffenden Senkrechtenlänge heruntersinkt, aber nicht auch unter die Senkrechtenlänge selber; überall übertrifft die Steigung der Tangente die Längenzahl der betreffenden Senkrechten.

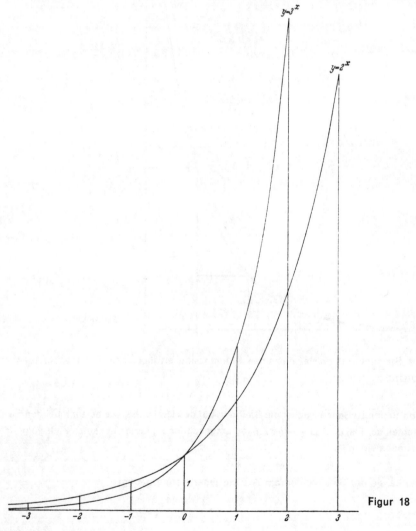

Figur 18

Somit hat der Übergang von der Basis 2 zur Basis 3 die Steigungsverhältnisse der Kurve ins Gegenteil umschlagen lassen; bei der Basis 2 ist die Kurvensteigung allenthalben geringer als die Längenzahl der betreffenden Senkrechten, bei der Basis 3 allenthalben größer. Die von uns gesuchte Kurve, deren Charakteristikum in der Gleichheit von Kurvensteigung und Senkrechtenlänge bestehen soll, muß also zur Basis der Potenzen eine Zahl zwischen 2 und 3 besitzen. Sie ist auch räumlich zwischen den Exponentialkurven $y = 2^x$ und $y = 3^x$ gelegen. Sie zu finden, ist damit gleichbedeutend, ihre Basis zu ermitteln (siehe Figur 18!).

Abschnitt 14. Stetige Kapitalisierung von Zinsen.

Durch eine bestimmte, den Mathematikern seit zwei Jahrhunderten geläufige Denktechnik können wir uns die fragliche Kurve mit ihrer Basis zwischen 2 und 3 erobern. Ehe wir dies jedoch tun, wollen wir uns in einer Art von Vorübung mit jener Denktechnik etwas vertrauter machen, indem wir sie auf ein Lebensgebiet anwenden, mit dem wir umzugehen gewohnt sind, auf das Gebiet der Zinsberechnung von Kapitalien.

Es handele sich um ein sehr kleines Kapital, nämlich um eine einzige Mark, die aber außerordentlich hoch verzinst werde. Der Zinsfuß soll nicht weniger als 100% im Jahr betragen. Dann wird sich bei Hinzufügung der Zinsen zum Kapital das letztere nach einem Jahre verdoppelt haben! Nach einem weiteren Jahre wird sich dieses auf 2 $\mathcal{M}$ angewachsene Kapital wieder verdoppeln, also 4 $\mathcal{M}$ betragen. Nach drei Jahren werden daraus 8 $\mathcal{M}$ geworden sein usw. Wir sehen, die Reihe der Kapitalien am Anfang der einzelnen Jahre bildet unsere Potenzreihe auf der Basis 2:

1 $\mathcal{M}$ 2 $\mathcal{M}$ 4 $\mathcal{M}$ 8 $\mathcal{M}$ 16 $\mathcal{M}$ 32 $\mathcal{M}$ ....

Nun möge das Bankinstitut noch einen weiteren Vorteil gewähren, indem es die Zinsen nicht erst jährlich, sondern schon halbjährlich zum Kapital hinzuschlägt. Dann wird das Kapital nach einem vollen Jahre nicht bloß auf 2 $\mathcal{M}$, sondern auf 2,25 $\mathcal{M}$ anwachsen. Denn nach einem halben Jahre sind 50 Pfennig Zinsen aufgelaufen, die nun schon zum Kapital geschlagen werden, so daß sich für das zweite Halbjahr 1,50 $\mathcal{M}$ verzinsen. Der halbjährige Zinsertrag dieser 1,50 $\mathcal{M}$ beträgt 75 Pfennig, so daß am Ende des zweiten halben Jahres, wenn die Zinsen wieder zum Kapital hinzugefügt werden, 2,25 $\mathcal{M}$ Kapital vorhanden sind. Man kann das Resultat auch folgendermaßen herausbekommen:

Aus 1 $\mathcal{M}$ werden nach einem halben Jahre $(1 + \frac{1}{2})$ $\mathcal{M}$, wofür man auch schreiben kann: $1 \cdot (1 + \frac{1}{2})$

Man erhält also das Kapital nach einem halben Jahre, indem man das Anfangskapital 1 mit dem Faktor $(1 + \frac{1}{2})$, der auch Verzinsungsfaktor oder Diskontfaktor heißt, multipliziert. Mithin wird am Ende des zweiten halben Jahres aus dem Anfangskapital $(1 + \frac{1}{2})$ $\mathcal{M}$ das Endkapital $(1 + \frac{1}{2})^2$ $\mathcal{M}$ geworden sein. Diese Potenz $(1 + \frac{1}{2})^2$ besitzt den Zahlenwert $\frac{3}{2} \cdot \frac{3}{2} = \frac{9}{4} = 2,25$.

Auf dem eingeschlagenen Wege weiterschreitend, wollen wir annehmen, daß die halbjährliche Kapitalisierung der Zinsen zu einer vierteljährlichen, monatlichen, ja täglichen gesteigert werde.

Vierteljährlicher Zinseszins.

Am Ende des ersten Vierteljahres ist die eine Mark auf $(1 + \frac{1}{4})$ $\mathscr{M}$ angewachsen. Da
$$1 + \frac{1}{4} = 1 \cdot (1 + \frac{1}{4})$$
ist, beträgt jetzt der Verzinsungsfaktor $(1 + \frac{1}{4})$. Mithin beläuft sich das Kapital am Ende des ersten Jahres auf

$$(1 + \tfrac{1}{4})^4 = (\tfrac{5}{4})^4 = \tfrac{625}{256} = 2{,}44 \; \mathscr{M}$$

Monatlicher Zinseszins.

Der Verzinsungsfaktor beträgt hier entsprechend $(1 + \frac{1}{12})$. Daher erreicht das Kapital am Ende des ersten Jahres die Höhe

$$(1 + \tfrac{1}{12})^{12} = (\tfrac{13}{12})^{12} = 1{,}08333^{12} \; \mathscr{M} \quad (1{,}08333 \text{ ist bereits abgerundet!}).$$

Wir berechnen diese hohe Potenz am besten logarithmisch:

$$\log \text{Kapital} = \log (1{,}08333^{12}) = 12 \cdot \log 1{,}08333$$

Wir können nicht erwarten, ein genaues Ergebnis herauszubekommen, da die Logarithmen unserer Tafel ja Annäherungswerte sind. Die Ungenauigkeit wird um so größer werden, je wenigerstellig die verwendete Mantisse ist. Gilt dies bereits bei jeder logarithmischen Berechnung, so hier erst recht, da durch die Multiplikation mit 12 der Fehler ebenfalls verzwölffacht wird. Daher verwendet man bei Verzinsungsfaktoren höherstellige Logarithmen. Unsere Tafel enthält auf den Seiten 22 und 23 eine Tabelle siebenstelliger Mantissen, die eigens für Verzinsungsfaktoren bestimmt ist; aus ihr entnehmen wir:

$$\log 1{,}08333\ldots = 0{,}034\,7621 + 0$$

Durch Verzwölffachung erhalten wir:

$$\log \text{Kapital} = 0{,}417\,1452 + 0$$

Die neue Mantisse reduzieren wir nun wieder auf 4 Stellen:

$$\log \text{Kapital} = 0{,}4171 + 0$$
$$\text{Kapital} = 2{,}61 \; \mathscr{M}$$

Das Kapital von 1 $\mathscr{M}$ ist also bei monatlicher Kapitalisierung der Zinsen auf 2,61 $\mathscr{M}$ angewachsen.

Täglicher Zinseszins.

Der Verzinsungsfaktor hat die Größe $(1 + \frac{1}{365})$. Das Kapital erreicht daher nach einem Jahre den Betrag von

$$(1 + \tfrac{1}{365})^{365} = (\tfrac{366}{365})^{365} = 1{,}00274^{365} \; \mathscr{M} \quad (1{,}00274 \text{ ist bereits abgerundet!})$$

Wieder berechnen wir die Potenz mit Hilfe der verfeinerten Mantissentabelle:

$$\log 1{,}00274 = 0{,}001\,1883 + 0$$

Die Multiplikation mit 365 ergibt:

$$\log \text{Kapital} = 0{,}433\,7295 + 0$$
$$= 0{,}4337 + 0$$
$$\text{Kapital} = 2{,}71 \; \mathscr{M}$$

Täglicher Zinseszins würde also bei einem Zinsfuße von 100% die eine Mark auf 2,71 ℳ anwachsen lassen.

Kann dieser Betrag noch beliebig gesteigert werden, indem man die Kapitalisierung der Zinsen noch engmaschiger gestaltet? Wohin kommen wir bei stündlichem, minutlichem, ja sekundlichem Zinseszins? Wir gelangen jedesmal zu Ausdrücken von der Form

$$(1 + \frac{1}{n})^n$$

worin n immer größer wird. Das Ende des Prozesses würde es bedeuten, wenn die Zinsen jeden Augenblick zum Kapital hinzugefügt würden. Dies würde nach sich ziehen, daß in unserem Ausdruck die Zahl n über alles Maß wächst oder, wie der Mathematiker sagt, unendlich groß wird. Der Ausdruck selber wird dann aber nicht ebenfalls unendlich groß, sondern strebt einem bestimmten endlichen Werte zu, den man auch den Grenzwert oder den Limes des Ausdruckes nennt. Er ist jedoch niemals etwa in Form einer Dezimalzahl genau angebbar, sondern nur approximativ (annäherungsweise). Je höher man n hinauftreibt, je mehr es also dem Unendlichen zugeht, desto besser gelingt einem die Annäherung an den Grenzwert des Ausdruckes. Den Grenzwert selber kann man nur durch eine Buchstabenzahl andeuten. Als diese ist nach dem Vorgange des großen Baseler Mathematikers Leonhard Euler (1707 bis 1782) der Anfangsbuchstabe e des Wortes Exponent gewählt worden:

$$e = \lim_{n \to \infty} (1 + \frac{1}{n})^n$$

Der Wert von e beträgt, auf 12 Dezimalen errechnet:

$$2{,}718281828459$$

Daraus schließen wir, daß unser Kapital selbst bei stetiger Hinzufügung der Zinsen binnen eines Jahres niemals den Betrag von 2,72 ℳ erreichen würde.

Wenn alle diese Prozesse sich nicht bloß über den Zeitraum eines einzigen Jahres, sondern über mehrere Jahre hinweg erstrecken, ergibt sich die Kapitalsumme am Ende des 2., 3., 4., ... Jahres durch entsprechende Potenzierung der Kapitalsumme am Ende des 1. Jahres:

Kapital am Ende des	1. Jahres	2. Jahres	3. Jahres	4. Jahres
Jährlicher Zinseszins	$(1+\frac{1}{1})^1$	$(1+\frac{1}{1})^2$	$(1+\frac{1}{1})^3$	$(1+\frac{1}{1})^4$
Halbjährlicher „	$(1+\frac{1}{2})^2$	$(1+\frac{1}{2})^4$	$(1+\frac{1}{2})^6$	$(1+\frac{1}{2})^8$
Vierteljährlicher „	$(1+\frac{1}{4})^4$	$(1+\frac{1}{4})^8$	$(1+\frac{1}{4})^{12}$	$(1+\frac{1}{4})^{16}$
Monatlicher „	$(1+\frac{1}{12})^{12}$	$(1+\frac{1}{12})^{24}$	$(1+\frac{1}{12})^{36}$	$(1+\frac{1}{12})^{48}$
....	....	....	....	....
Augenblicklicher „	e^1	e^2	e^3	e^4

Aus der ursprünglichen Basis $(1 + \tfrac{1}{1})^1 = 2$ wird also nacheinander die Basis

$(1 + \tfrac{1}{2})^2 \ = \tfrac{9}{4} = 2{,}25$
$(1 + \tfrac{1}{4})^4 \ = \tfrac{625}{256} = 2{,}44\ldots$
$(1 + \tfrac{1}{12})^{12} = (\tfrac{13}{12})^{12} = 2{,}61\ldots$

. . . .

e $\ = 2{,}718281828459\ldots\ldots$

Wir wollen die entstandenen Verhältnisse nun auch noch graphisch verfolgen:

Das Bild der Potenzreihe auf der Basis 2 kennen wir bereits; es stellt zugleich in Gestalt der einzelnen Senkrechten, die zu den Hochzahlen 0, 1, 2, 3, 4, ... gehören, die Größe der Kapitalien am Anfange des ersten Jahres und am Endes des 1., 2., 3., 4., ... Jahres dar. Die Hochzahlen haben nun eine Jahresbedeutung erhalten.

Das Bild der Potenzreihe auf der Basis $(1 + \tfrac{1}{2})^2 = 2{,}25$ unterscheidet sich vom vorigen durch Halbierung der Abstände zwischen den einzelnen Jahreszahlen (Figur 19).

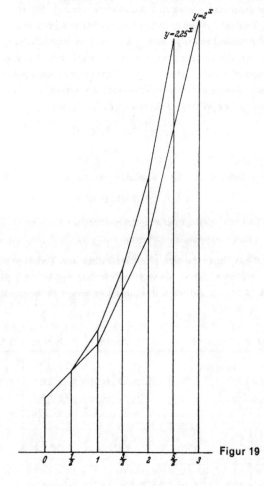

Figur 19

Die Senkrechte am Anfange des ersten Jahres oder, was dasselbe ist, am Ende des 0. Jahres ist wieder 1. Die nächste Senkrechte erscheint schon bei der Hochzahl $\frac{1}{2}$ und besitzt die Länge $\frac{3}{2}$; zwischen ihr und der vorigen Senkrechten beträgt die Steigung 45 Grade oder 1. Die 3. Senkrechte steht über der Hochzahl 1 und besitzt die Länge $(\frac{3}{2})^2 = 2{,}25$. An der gleichen Stelle befindet sich die Senkrechte der ursprünglichen Potenzreihe mit der Länge 2. Daher beträgt die Steigung zwischen den Senkrechten der Hochzahlen $\frac{1}{2}$ und 1 mehr als 45 Grade. Wie groß ist die genaue Steigung? Auf die waagerechte Länge $\frac{1}{2}$ geht es um den Unterschied der beiden aufeinanderfolgenden Senkrechten, d. h. um $2{,}25 - 1{,}5 = 0{,}75 = \frac{3}{4}$ hinauf. Die Steigung ist als das Verhältnis der vertikalen Erhöhung zum horizontalen Fortschritt $\frac{3}{4} : \frac{1}{2} = \frac{3}{2}$, d. h. ebenso groß wie die Längenzahl der Senkrechten am Anfang der Schräge. So bleibt es auch, wenn wir die nächsten halben Jahre betrachten. Wie beim alten Sehnenzuge die einzelnen Senkrechten stets durch ihre Längenzahl auch die Steigung der in ihrem Endpunkte aufsteigenden Sehne angaben, ist auch beim neuen Sehnenzuge, der doppelt so viel Senkrechten und damit doppelt so viel Sehnen enthält, die Längenzahl jeder Senkrechten zugleich auch die Maßzahl der Steigung der in ihrem Endpunkte aufsteigenden Sehne. Die Ineinanderzeichnung der beiden Sehnenzüge veranschaulicht diese Verhältnisse.

Schalten wir auf der Waagerechten nun sogar Viertel ein, so kommen wir zur Verbildlichung des vierteljährlichen Zinseszinses. Es entstehen jetzt viermal so viel Senkrechten wie am Anfang und damit auch viermal so viel Sehnen. Der Sehnenzug steigt jetzt noch schneller hinauf. Wieder ist, wie man zeigen könnte, hier die Längenzahl jeder Senkrechten zugleich auch die Maßzahl der Steigung der im Endpunkte der Senkrechten beginnenden Sehne. Die Steigung der ersten der vielen kurzen Sehnen bleibt jedoch auch hier 45 Grade oder 1. Figur 20 zeigt die drei Sehnenzüge miteinander.

Wir übergehen den nächsten Schritt, der eine Zwölftelung der einzelnen Jahre vorsieht, und begeben uns mit einem Sprung in das Ziel dieser Prozesse, die stetige Kapitalisierung der Zinsen, hinein. Die Jahresgerade ist nun in unendlich kleine Stücke aufgeteilt, und der Senkrechten sind es unendlich viele geworden, die unendlich dicht nebeneinanderliegen. Zwischen den Endpunkten der unendlich vielen Senkrechten liegen unendlich viele, unendlich kurze Sehnen, deren Zug jetzt eine in den kleinsten Teilen krumme Linie konfiguriert. Die Basis des Ganzen ist die Zahl e geworden, und die „Gleichung" der Kurve lautet:

$$y = e^x$$

In Figur 20 ist diese Kurve zu den drei Sehnenzügen hinzugezeichnet. Die Tangente an jeder Stelle der Kurve besitzt eine Steigung, deren Maßzahl mit der Maßzahl der Senkrechten des Berührungspunktes der Tangente übereinstimmt. Die Steigung der Kurve an ihrem Beginn, also für $x = 0$, ist gleich der Maßzahl der dort befindlichen Senkrechten, also gleich 1 oder 45 Graden. Damit ist die Aufgabe, die wir uns im vorigen Abschnitt stellten, gelöst. Natürlich kann man nun diese Kurve über ihren Anfangspunkt auch nach der linken Seite fortsetzen, wenn

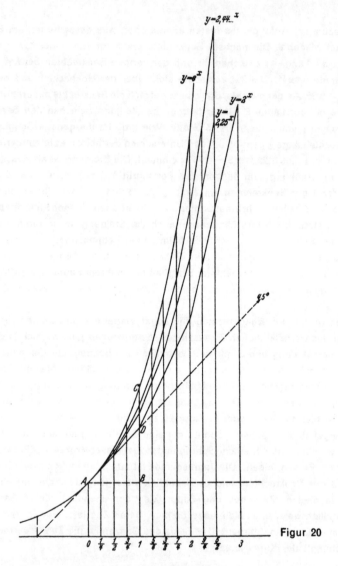

Figur 20

auch dieser hinzugezeichnete Teil keine unmittelbare Beziehung mehr zu dem hier erörterten Kapitalisierungsproblem hat. Der Gesamtkurve entspricht dann für ganzzahlige Hochzahlen das Reihenpaar:

Potenzen   0 ...... $\frac{1}{e^4}$ $\frac{1}{e^3}$ $\frac{1}{e^2}$ $\frac{1}{e}$ 1   e e^2 e^3 e^4 ...... ∞

Hochzahlen — ∞ ...... −4   −3   −2   −1   0   1   2   3   4 ...... ∞

Aus 1 ℳ werden also im Laufe eines Jahres e = 2,71828... ℳ, wenn bei einem Jahreszinsfuß von 100% die Zinsen augenblicklich kapitalisiert werden. Bei welchem

Jahreszinsfuß wären aus 1 ℳ nach einem Jahre ebenfalls e ℳ geworden, wenn die Zinsen, wie üblich, erst am Ende des Jahres hinzugefügt worden wären? Natürlich hätte dann der Jahreszinsfuß noch weit mehr als 100% betragen müssen, nämlich, wie ersichtlich, 171,828... %, eine Zahl die aus e entsteht, wenn man e $-1 = 1{,}71828..$ bildet und dann verhundertfacht. 100% mit augenblicklicher Kapitalisierung bewirken also dasselbe wie 171,828.... % mit jährlicher Kapitalisierung. Auf Grund eines Gegeneinanderhaltens der beiden Zahlen könnte man meinen, daß dann 50% mit augenblicklicher Kapitalisierung dasselbe wie $\frac{171,828...}{2} = 85{,}914...$ % mit jährlicher Kapitalisierung bewirken würden. Das ist aber nicht der Fall, da zwischen den beiden zusammengehörigen Prozentsätzen, die wir kurz als gewöhnlichen und ungewöhnlichen Prozentsatz kennzeichnen wollen, eine verwickeltere Beziehung als diejenige der bloßen Proportionalität besteht. Wir wollen den ungewöhnlichen Prozentsatz, also den mit der augenblicklichen Kapitalisierung, durch die Buchstabenzahl x bezeichnen und den ihm in der Wirkung gleichbedeutenden gewöhnlichen Prozentsatz durch die Buchstabenzahl y. Wie hier nicht weiter begründet werden soll, besteht dann zwischen x und y die Gleichung: $y = e^x - 1$

Wir wollen die Richtigkeit der Gleichung wenigstens für zwei uns bereits bekannte Fälle bestätigen:

1. Fall: Unverzinslichkeit.

In diesem Falle macht es keinen Unterschied, ob die nicht vorhandenen Zinsen augenblicklich oder erst am Ende des Jahres zum Kapital hinzugefügt werden; es ist ja $x = y = 0$. Dasselbe sagt auch unsere Gleichung, aus der durch Einsetzen von $x = 0$ und $y = 0$ wird:
$$0 = e^0 - 1$$
oder $0 = 1 - 1$

2. Fall: $x = 100\% = \frac{100}{100} = 1$ („Prozent" bedeutet ja dasselbe wie „Hundertstel"!)
$$y = 171{,}828... \% = \frac{171{,}828...}{100} = 1{,}71828...$$

Auch dieses Wertepaar „erfüllt" die Gleichung; durch Einsetzen von $x = 1$ und $y = 1{,}71828...$ erhalten wir nämlich:

$$1{,}71828.. = e^1 - 1$$
oder $1{,}71828.. = e - 1$
oder $1{,}71828.. = 2{,}71828.. - 1$

Natürlich ist die Richtigkeit der Gleichung damit nicht förmlich bewiesen; dies müßte auf andere Weise geschehen.

Da wir die Kurve mit der Gleichung $y = e^x$ bereits kennen, ist es ein Leichtes, auch die neue Gleichung $y = e^x - 1$ zu verbildlichen. Wir brauchen in Figur 20 unsere waagerechte Hochzahlgerade nur um die Länge 1 hinaufzurücken, d. h. in die Lage AB zu bringen und haben dann das Bild der Gleichung $y = e^x - 1$ vor uns in dem Teil der Figur, welcher durch die waagerechte Strecke AB, die senkrechte Strecke BC und den Kurvenbogen AC begrenzt ist. Wäre zwischen x und y kein Unterschied, d. h. $y = x$, so wäre das Bild nicht der Kurvenbogen AC, sondern die unter 45 Grad aufsteigende Gerade AD. Die Kurve AC hat diese Gerade zur Tangente im Punkte A. An der Stelle

A ist also noch kein Unterschied zwischen x und y; beide sind Null, und wir haben dort den schon besprochenen Grenzfall der Unverzinslichkeit vor uns. Kurz hinter A ist y, der gewöhnliche Zinsfuß, nur wenig größer als x, der ungewöhnliche Zinsfuß, nämlich um genau so viel, wie die Kurve die schräge Gerade überragt. So könnte man zeigen, daß zu y = 3 % gewöhnlichem Zinsfuße x = 2,96 % ungewöhnlicher Zinsfuß gehören; dort überragt die Kurve die schräge Gerade nur um

$$3\% - 2{,}96\% = 0{,}04\% = \frac{0{,}04}{100} = 0{,}0004.$$

Man kann also sagen, daß bei unseren üblichen niedrigen Verzinsungssätzen, die ja um 3 % herum liegen, die Hinzufügung der Zinsen am Ende eines Jahres fast gleichbedeutend mit einer stetigen Hinzufügung derselben ist. Erst wenn die Zinssätze erheblich höher werden, treten x und y merklich auseinander, um bei x = AB = 100 % zu y = BC = 171,828...% zu führen.

Ist die Frage der augenblicklichen Hinzufügung von Zinsen nur eine rein theoretische, oder gibt es irgendwo Vorgänge, wo so etwas stattfindet? Durchaus! Zum Beispiel ist das pflanzliche Wachstum dem Anwachsen eines Kapitales auf Grund stetiger Zinszufügung zu vergleichen. Denken wir an den Holzbestand eines Waldes! Dort ist ja das Wachstum proportional der jeweils vorhandenen Menge lebendiger Zellsubstanz, im Sommer allerdings stärker als im Winter. Überall, wo sich lebende Substanz vermehrt, wird die hinzukommende Substanz im Augenblicke ihres Entstehens ein Bestandteil der Gesamtsubstanz und ist nun an der Hervorbringung weiterer Substanz mitbeteiligt.

Abschnitt 15. Die Exponentialkurve $y = e^x$ und die Spirale $r = e^b$.

Unter den vielen möglichen Exponentialkurven nimmt die zuletzt besprochene mit der Gleichung $y = e^x$ eine Sonderstellung ein. Nur bei ihr ist ja die Steigung jeweils gleich der Maßzahl der betreffenden Senkrechten, und sie allein hat demgemäß am bedeutsamsten Punkte der Kurve, über der Hochzahl 0, die Steigung 1 oder 45 Grade. Was verstehen wir denn unter Steigung? Das Verhältnis der vertikalen Erhebung zum entsprechenden horizontalen Fortschreiten! Wandern wir den Abhang eines Berges hinauf, so kommen wir gleichzeitig vorwärts und aufwärts, und das Aufwärts, an dem Vorwärts gemessen, liefert die Steigung des Abhanges. Wählen wir als einen solchen Abhang irgendeine Tangente unserer Kurve $y = e^x$, und beginnen wir unsere Wanderung da, wo diese Tangente die Hochzahlgerade schneidet, so können wir die Tangente bis hinauf zum Berührungspunkte — welches Stück man auch Tangente im engeren Sinne nennt — erklimmen. Dann werden wir als Höhe gerade die Senkrechte y des Berührungspunktes erklommen haben. Um welches Stück sind wir dabei waagerecht vorwärts gekommen? Da das Verhältnis des Vertikalen zu seinem Horizontalen hier und nur hier mit der Zahl des Vertikalen übereinstimmt, besteht die Gleichung:

$$\frac{\text{vertikaler Aufstieg}}{\text{horizontalen Fortschritt}} = \text{vertikalem Aufstieg}.$$

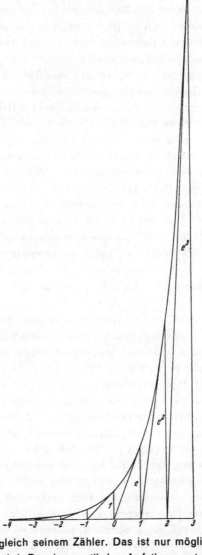

Figur 21

Hier ist also ein Bruch gleich seinem Zähler. Das ist nur möglich, wenn sein Nenner von der Zahl 1 gebildet wird. Der dem vertikalen Aufstieg y entsprechende horizontale Fortschritt muß also beim Erklimmen der Tangente die Länge 1 betragen haben. Somit ist das unter jeder Tangente liegende Stück der Hochzahlgeraden, welches auch Subtangente genannt wird, von der gleichen Länge 1. Unsere Exponentialkurve ist die einzige Kurve mit lauter gleichen Subtangenten. Verbinden wir daher einen der Punkte der waagerechten Hochzahlgeraden, welcher einer der Hochzahlen

.... —4 —3 —2 —1 0 1 2 3 4 ....

entspricht, mit dem Endpunkt der Senkrechten des folgenden Hochzahlpunktes, so ist diese Verbindungslinie immer eine Tangente der Exponentialkurve. Dieser Tatbestand ist in der Figur 21 verwertet worden. Dort nehmen wir insgesamt sieben rechtwinklige Dreiecke wahr, deren untere Kathete stets die Länge 1 besitzt. Die andere Kathete durchläuft von links nach rechts die Zahlen $\frac{1}{e^3}$, $\frac{1}{e^2}$, $\frac{1}{e}$, 1, e, e^2, e^3, und die Hypotenusen der Dreiecke sind Tangenten der Exponentialkurve. Das mittlere der sieben Dreiecke ist gleichschenklig-rechtwinklig und gruppiert die linken und die rechten Dreiecke zu zusammengehörigen Paaren. So bilden die dem mittleren Dreieck unmittelbar benachbarten Dreiecke insofern ein Paar, als sie beide dieselbe Form haben, also ähnlich sind; das rechte Dreieck ist nur die e-fache Vergrößerung des linken und dabei um 90 Grade gedreht. Ebenso ist es mit dem nächsten Paar Dreiecke; die Vergrößerungszahl vom kleinen zum großen Dreieck ist dort e^2. Vom kleinsten Dreieck ganz links zum größten Dreieck ganz rechts gelangt man durch die Vergrößerungszahl e^3. Diese Figur liegt auch dem Ornament auf der Vorderseite des Buchdeckels zugrunde.

Wie wir in Abschnitt 4 aus der Kurve mit der Gleichung $y = 2^x$ eine Bernoulli'sche Spirale von der Gleichung $r = 2^b$ gewannen, kann man aus der bedeutsamsten Exponentialkurve, deren Gleichung $y = e^x$ lautet, die bedeutsamste Bernoulli'sche Spirale mit der Gleichung $r = e^b$ hervorgehen lassen. Zu ihr gehört also das Reihenpaar

Radien r .... $\frac{1}{e^3}$ $\frac{1}{e^2}$ $\frac{1}{e}$ 1 e e^2 e^3 ......
Bögen b .... −3 −2 −1 0 1 2 3 ......

Unter dem Bogen b = 1 ist dabei ein Bogen zu verstehen, der durch einen Winkel von $\frac{360^0}{2\pi}$ = 57⁰ 17′ 44,8″ im Kreise von Radius 1 erzeugt wird (siehe Anmerkung Seite 17 unten!). Der Bogen 2 entspricht dem doppelten Winkel in diesem Kreise, usw. Dem Winkel von 360 Graden entspricht der Bogen b = 2 π = 2 . 3,14159... = 6,28318... Die Spirale ist in der Figur 22 wiederzugeben versucht worden. Man kann wegen ihres mächtigen Schwunges von ihr nicht einmal eine einzige Windung um den Pol herum zeichnen. Eine solche volle Windung würde z. B. von der Stelle b = 0 bis zur Stelle b = 2 π reichen. Für b = 0 ergibt sich $r = e^0 = 1$, und für b = 2 π erhalten wir $r = e^{2\pi}$ = 2,71828..$^{6,28318..}$ = 535,4...; im Laufe einer vollen Windung steigt also die anfängliche Entfernung vom Pole P rund auf den 535fachen Betrag. Selbst wenn wir also die anfängliche Entfernung nur 1 mm groß wählen würden, wäre die Entfernung nach einer vollen Umwindung des Poles schon auf etwa 535 mm = 53,5 cm angewachsen. In unserer Figur ist etwas mehr als eine halbe Windung hingezeichnet.

Welches ist die gerade diese Spirale auszeichnende Eigenschaft? Man könnte zeigen, daß an allen Punkten B dieser Spirale der Radius PB mit der Tangente in B einen Winkel von 45 Graden oder einem halben Rechten bildet. Auf Grund dieser Eigenschaft kann man sich eine mechanische Erzeugung dieser Spirale vorstellen. Ein in einem Punkte P, dem Pole der zu erzeugenden Spirale, befestigter unendlich langer Zeiger dreht sich um P herum, während ein Punkt B sich von P den Zeiger entlang entfernt. Die beiden Bewegungen sind dann in jedem Augenblicke zueinander senkrecht. Wenn sie überdies in jedem Augenblicke auch von gleicher Stärke

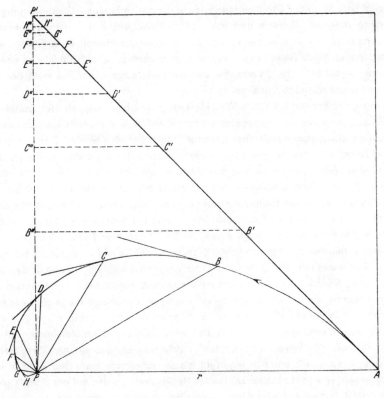

Figur 22

sind, muß ja der Punkt B in der Dreh-Ebene des Zeigers eine Spirale beschreiben, deren Tangenten gegen die jeweiligen Zeigerstellungen unter einem halben Rechten oder 45 Graden gewinkelt sind. Das ist aber die Spirale von der Gleichung $r = e^b$. Damit die beiden Bewegungsimpulse, wie notwendig, in jedem Momente der Bewegung von gleicher Stärke sind, dürfen interessanterweise die Gleitbewegung von B auf dem Zeiger und die Drehbewegung des Zeigers nicht beide zugleich gleichmäßig schnell vor sich gehen. Denn nehmen wir etwa an, der Zeiger drehe sich mit gleichmäßiger Geschwindigkeit um P herum! Er bestreicht ja dann in seiner gleichmäßigen Drehung die Bögen b = 0, 1, 2, 3, ... Damit B in der Zeiger-Ebene die Spirale $r = e^b$ beschreibt, muß B nacheinander die entsprechenden Entfernungen r = 1, e, e^2, e^3, ... vom Pol P annehmen, d. h. aber, sich mit wachsender Schnelligkeit nach außen bewegen. Würde dagegen die Gleitbewegung von B auf dem Zeiger eine gleichförmige Geschwindigkeit aufweisen, so müßte sich die Drehbewegung des Zeigers dauernd verlangsamen. Zu einer gleichmäßigen Drehung gehört also eine beschleunigte Gleitbewegung, zu einer gleichförmigen Gleitbewegung eine verzögerte Drehung. Sonst wären eben beide Bewegungen in jedem Momente der Bewegung nicht von gleicher Stärke, und der erforderliche Winkel von 45 Graden würde verfehlt. Wären beide Bewegungen zugleich gleichförmig, so entstünde eine gewöhnliche oder Archimedische Spirale, bei der die Entfernung r vom Pol stets der stattgehabten Drehung proportional ist.

In der Unveränderlichkeit des Winkels zwischen einer Tangente der Spirale und dem Radius ihres Berührungspunktes erkennen wir die in Abschnitt 4 als Loxodromie bezeichnete Haupteigenschaft aller Bernoulli'schen Spiralen wieder. Dort stellten wir uns ein Schiff vor, das mit gleichbleibendem Kurse auf den Nordpol zusteuert. Dann muß es eine sphärische Loxodrome beschreiben, die sich in der Nähe des Nordpoles von einer Bernoulli'schen Spirale kaum unterscheidet. Nur in dem Falle, daß der Kurs des Schiffes einer der vier Haupthimmelsrichtungen folgt, käme keine eigentliche Spiralbewegung zustande, sondern bei Nordsüdkurs eine Fahrt längs eines Meridiankreises, bei Ostwestkurs eine Fahrt längs eines Breitenkreises. Der Nordsüdkurs entspricht dabei der vorhin bei der mechanischen Erzeugung der Spirale vorausgesetzten geradlinigen Gleitbewegung, der Ostwestkurs der Zeigerdrehung. Im Falle, daß das Schiff immer genau Nordwestkurs oder Nordostkurs einhält, kommt um den Pol herum praktisch die Spirale von der Gleichung $r = e^b$ zustande. Das Schiff möge sich auf seiner Spiralfahrt völlig gleichmäßig bewegen, d. h. seine Geschwindigkeit möge sich weder vergrößern noch verringern. Dann muß die Umkreisung des Nordpoles immer schneller vor sich gehen. Die Windungen werden ja bald so eng, daß wir dem Schiffskörper fast keine Ausdehnung mehr beilegen dürfen; er schrumpfe mehr und mehr in einen sich bewegenden Punkt zusammen. Dieser Punkt, der sich also auf der Spirale gleichmäßig schnell fortbewegt, wird dann um den Pol herum eine immer rasender werdende Drehbewegung beschreiben müssen. Noch vor Erreichung des Poles müßte er wegen der gewaltigen Zentrifugalkräfte zerplatzen. Wenn er den Pol erreicht hätte, wäre seine Tourenzahl unendlich groß geworden.

Aber, so fragen wir, kann der Punkt den Pol überhaupt erreichen? Ist nicht sein Weg bis dahin wegen der Unzahl der allerdings unfaßbar eng werdenden Windungen um den Pol herum unendlich lang, so daß er, zeitlich gesehen, niemals am Ziele ankommen kann? Nein, so ist es nicht! Der Weg von einer beliebigen Stelle A der Fahrt (siehe Figur 22) bis zum Nordpol P ist nur von endlicher Länge. Man kann sogar mit Hilfe höherer Mathematik genau berechnen, wie lang er ist. Nennen wir, wie üblich, die Entfernung einer solchen beliebigen Stelle A vom Nordpol r, wobei wir den Unterschied zwischen sphärischer Loxodrome und Bernoulli'scher Spirale endgültig fallen lassen, so ist die Fahrtlänge von A bis P, d. h. der Spiralenbogen, durch folgende sehr einfache Konstruktion zu ermitteln: man errichtet über $r = AP$ das Quadrat und zieht in diesem eine Diagonale, am besten die, welche mit der Spiralentangente in A zusammenfallen muß. Die Länge AP dieser Diagonale gibt dann die Länge des Spiralenbogens AP an. Diese Konstruktion ist allerdings nur für die Spirale $r = e^b$,

d. h. also, um in unserem Bilde zu bleiben, nur für genauen Nordost- oder Nordwestkurs, gültig. Die Figur 22 zeigt noch, in welchen Abständen die einzelnen Fahrtstationen B, C, D, E, F, G, H, ..., die lauter gleichen Winkeln am Pol entrprechen, sich auf die Fahrtlänge AP' verteilen. Um dies zu finden, braucht man nur einen Radius, z. B. PB, auf der Vertikalen PP' von P' aus bis B'' abzutragen und dann von B'' waagerecht auf die Diagonale AP' nach B' herüberzugehen.

Abschnitt 16. Die natürlichen Logarithmen.

Wir kehren nun zur Betrachtung der Exponentialkurve mit der Gleichung $y = e^x$ zurück, wie sie in den Figuren 20 und 21 vor uns stand. Wenn wir diese Kurve so anschauen, daß wir dabei unseren Kopf nach rechts um 90 Grade neigen, wird aus dem bisherigen Waagerechten ein Senkrechtes und umgekehrt. Während für die normale Betrachtungsart die Kurve ganz links fast waagerecht ist und, nach rechts durchlaufen, immer steiler wird, an ihrem bedeutsamen Punkte die Steigung 45 Grade durchschreitend, steigt für die neue Betrachtungsart die Kurve aus unendlicher Tiefe nach links hin auf, zuerst sehr steil, dann sich bis zu ihrem bedeutsamen Punkte allmählich auf 45 Grade abflachend, um dahinter noch flacher und fast waagerecht zu werden. Aus dem früheren Verhältnis des Vertikalen zum entsprechenden Horizontalen wird jetzt das umgekehrte Verhältnis. Da, wo z. B. für die frühere Anschauung die Steigung 5 : 3 bestand, herrscht jetzt die Steigung 3 : 5. Nehmen wir nun noch die Steigungseigenschaft gerade dieser Kurve hinzu, so sind hinter dem bedeutsamen Punkte statt der zunehmenden Steigungen $e, e^2, e^3, \ldots$ die abnehmenden Steigungen $\frac{1}{e}, \frac{1}{e^2}, \frac{1}{e^3}, \ldots$ vorhanden, und von einer dieser Steigungen zur nächsten gewinnt man immer die Maßeinheit an Höhe. Die so angesehene Exponentialkurve trägt den Namen „Logistika". Ihre „Gleichung" ist natürlich ebenfalls $y = e^x$. Will man jedoch den neuen Aspekt, den die Kurve bietet, auch in der Gleichung zum Ausdruck bringen, so muß man die alte Gleichung umschreiben. In dieser stand das frühere Vertikale also y, fertig ausgerechnet vor uns:

$$y = e^x$$

Das neue Vertikale liegt in der Buchstabenzahl x beschlossen, und diese muß jetzt fertig ausgerechnet vor uns stehen; das heißt aber

$$x = {_e}\log y$$

Damit stoßen wir auf dasjenige Logarithmensystem, welches zur Basis die Zahl e hat. Es wird unter den vielen möglichen Logarithmensystemen ebenfalls eine Sonderstellung einnehmen. Diese kommt auch in dem Namen zum Ausdruck, welchen man gerade diesem Logarithmensystem gegeben hat; man hat es das natürliche Logarithmensystem geheißen. Das dekadische Logarithmensystem hat man wohl auch künstliches Logarithmensystem genannt. So wichtig das dekadische Logarithmensystem für das praktische Rechnen ist, so wichtig ist das natürliche für mathematische Betrachtungen höherer Art. Unsere Tafel enthält natürliche Logarithmen für die Numeri 1 bis 1000 auf den Seiten 58 und 59. Man könnte sie sich auch selber aus den entsprechenden dekadischen Logarithmen auf Grund der Proportion errechnen:

$$\text{nat. log } z : \text{dek. log } z = \text{nat. log } e : \text{dek. log } e$$
$$= 1 : 0{,}4343.$$
$$\text{nat. log } z = \frac{\text{dek. log } z}{0{,}4343}\ldots$$

Mit diesen natürlichen Logarithmen haben wir schon zu tun gehabt, ohne uns dessen bewußt zu sein. Um das zu verstehen, müssen wir durch eine Art Rückschau etwas weiter ausholen:

Die Exponentialkurve mit der Gleichung $y = e^x$ enträtselte sich uns ja durch die Problemstellung, eine krumme Linie zu finden, deren Steigung an jeder Stelle ebenso groß sein möchte wie die Zahl der Länge der Senkrechten, die auf der waagerechten Achse errichtet wird. Auf dieses Problem gerieten wir von einer anderen Exponentialkurve her, der Kurve mit der Gleichung $y = 2^x$, deren Anblick uns die Figur 4 zeigte. Diese war ja so zustande gekommen, daß wir das Reihenpaar

Potenzen .... $\frac{1}{8}$ $\frac{1}{4}$ $\frac{1}{2}$ 1   2   4   8 ....

Hochzahlen .... −3   −2   −1   0   1   2   3 ....

in der in Abschnitt 3 geschilderten Art verbildlichten und die Endpunkte der aufeinanderfolgenden Senkrechten zunächst durch schräge Strecken verbanden. Dabei zeigte sich, daß die Schräge oder Steigung jeder dieser Strecken, als Zahl gefaßt, ebenso groß war wie die Zahl der Länge der Senkrechten am Beginn der Senkrechten. Sodann verbanden wir die Endpunkte aller Senkrechten nacheinander durch eine wohlgeschwungene krumme Linie, eben unsere Exponentialkurve mit der Gleichung $y = 2^x$. Die Aufeinanderfolge der schrägen Strecken wurde nun zu einem Sehnenzuge dieser Kurve. Durch den Übergang von dem Sehnenzuge zur Kurve ging aber das schöne Gesetz der Steigung verloren; denn die Kurve besaß an jeder ihrer Stellen eine Steigungszahl, die nicht mehr gleich der Längenzahl der betreffenden Senkrechten war, sondern kleiner, und das Problem erwuchs, eine Kurve zu finden, bei der das Steigungsgesetz des Sehnenzuges erhalten bleibt. Um diese damals noch hypothetische Kurve zu finden, faßten wir eine andere Exponentialkurve ins Auge, jene mit der Gleichung $y = 3^x$. Bei ihr nahmen wir durch bloßen Augenschein wahr, daß an jeder Stelle ihre Steigung etwas größer war, als es die Zahl der zugehörigen Senkrechten ist. Zwischen den beiden Exponentialkurven mit den Gleichungen $y = 2^x$ und $y = 3^x$ mußte somit die gesuchte Exponentialkurve liegen; ihre Grundzahl war entsprechend zwischen den Grundzahlen 2 und 3 gelegen. Durch das Problem der augenblicklichen Kapitalisierung der Zinsen bei einem Zinsfuße von 100% kamen wir der gesuchten Kurve auf die Spur; ihre Grundzahl war die tatsächlich zwischen 2 und 3 gelegene Zahl

$$e = \lim_{n \to \infty} (1 + \tfrac{1}{n})^n$$
$$= 2{,}71828\ldots$$

Wenn bei den Exponentialkurven mit den Gleichungen $y = 2^x$ und $y = 3^x$ das erwähnte Steigungsgesetz verlorengegangen ist, so bedeutet das nicht, daß nicht auch an ihnen ein Steigungsgesetz waltet. Dasselbe ist sogar verhältnismäßig einfach auszusprechen, wenn auch seine Begründung auf elementarem Wege zwar nicht unmöglich, aber doch ziemlich mühsam ist. Wir wollen uns darum hier diese Begründung versagen und nur das Ergebnis zur Kenntnis nehmen. Es zeigt sich nämlich, daß bei der Kurve mit der Gleichung $y = 2^x$ die Steigung an jeder Stelle der gleiche Bruchteil der Zahl der zugehörigen Senkrechten und bei der Kurve mit der Gleichung $y = 3^x$ die Steigung an jeder Stelle das gleiche Vielfache der Zahl der zugehörigen Senkrechten ist. Um zu verstehen, wie dies gemeint ist, könnten wir uns ja eine Kurve denken, deren Steigung an jeder Stelle halb so groß ist wie die Zahl der Senkrechten; dann wäre doch an jeder Stelle die Steigung der gleiche Bruchteil der Zahl der zugehörigen Senkrechten. Oder wir dächten uns eine Kurve, deren Steigung an jeder Stelle das Doppelte der Zahl ihrer zugehörigen Senkrechten ist; dann wäre an ihr die Steigung an jeder Stelle das gleiche Vielfache der Zahl der zugehörigen Senkrechten. Die Unterscheidung zwischen gleichem Bruchteil und gleichem Vielfachen kann man fallen lassen, indem man beide Male von einem gleichen Vielfachen spricht. Dann wäre im ersten Verdeutlichungsbeispiel die Vervielfachungszahl $\frac{1}{2}$, im zweiten Verdeutlichungsbeispiel die Vervielfachungszahl 2. So können wir das Steigungsgesetz unserer beiden Kurven $y = 2^x$ und $y = 3^x$ auch folgendermaßen ausdrücken: bei beiden ist die Steigung an jeder Stelle das gleiche Vielfache der Zahl der zugehörigen Senkrechten. Welches nun die in Frage kommende Vervielfachungszahl in jedem der beiden Fälle ist, ist überraschend. Bei der Grundzahl 2 ist die Vervielfachungszahl der natürliche Logarithmus der Zahl 2, wogegen bei der Grundzahl 3 die Vervielfachungszahl der natürliche Logarithmus der Zahl 3 ist. Aus der Tabelle natürlicher Logarithmen entnehmen wir:

nat. log 2 = 0,6931.... ungefähr = 0,7

nat. log 3 = 1,0986.... ungefähr = 1,1

Die Kurve $y = 2^x$ hat demnach überall eine Steigung vom ungefähren Werte des 0,7fachen der Zahl der zugehörigen Senkrechten, wogegen die Steigung bei der Kurve $y = 3^x$ überall vom ungefähren Werte des 1,1fachen der zugehörigen Senkrechten ist. So ist einer Exponentialkurve an allen ihren Stellen der natürliche Logarithmus ihrer Grundzahl sozusagen eingeschrieben. Man braucht nur an irgendeiner Stelle der Kurve die Senkrechte und die Steigung zu messen und dann die Übergangszahl von der Senkrechten zur Steigung aufzusuchen, um den natürlichen Logarithmus der der Kurve zugrunde liegenden Basis vor sich zu haben. Dieser tritt sogar nicht bloß als Übergangszahl zwischen Senkrechter und Steigung, sondern direkt als Steigungszahl selber im bedeutsamen Punkte jeder Exponentialkurve auf, da, wo die Hochzahl vom Werte 0 und die Senkrechte stets vom Werte 1 ist. In diese Zusammenhänge ordnet es sich auch ein, daß die Steigung der Kurve $y = e^x$ überall gleich der Zahl der zugehörigen Senkrechten ist. Wie groß müßte denn an ihr die Vervielfachungszahl beim Übergange von der Senkrechten zur Steigung sein? Offenbar gleich dem natürlichen Logarithmus der

Zahl e! Dieser ist aber ja vom Werte 1. So kommt bei der Kurve $y = e^x$ die Übereinstimmung zwischen der Steigungszahl und der Zahl der zugehörigen Senkrechten zustande. Es nimmt uns nun auch nicht mehr Wunder, zu erfahren, daß auch andere Exponentialkurven als die auf der Basis e zum Problem der augenblicklichen Kapitalisierung von Zinsen einen Bezug haben. Die Kurve $y = e^x$ gehörte bei diesem Problem zum Zinsfuße von 100%. Diese 100% bedeuten ja nichts anderes als 100 Hundertstel oder die Zahl 1, d. h. aber jene Zahl, welche zugleich die vorhin behandelte Vervielfachungszahl der Kurve $y = e^x$ bedeutete:

$$\text{Kurve } y = e^x \text{ Vervielfachungszahl} = \text{nat. log } e = 1 = 100\%$$

Liegt es da nicht nahe, für die anderen Exponentialkurven einen ebensolchen Zusammenhang zu vermuten? Also beispielsweise:

$$\text{Kurve } y = 2^x \text{ Vervielfachungszahl} = \text{nat. log } 2 = 0{,}6931\ldots = 69{,}31\%$$
$$\text{Kurve } y = 3^x \text{ Vervielfachungszahl} = \text{nat. log } 3 = 1{,}0986\ldots = 109{,}86\%$$

Wenn an dem so wäre, so würde dies heißen:

1. Ein Kapital, welches zu 69,31..% auf Zinseszinsen stünde, müßte sich bei stetiger Verzinsung nach 1 Jahre verdoppeln, nach 2 Jahren vervierfachen, nach 3 Jahren verachtfachen usw. Seine Wachstumskurve wäre die Kurve mit der Gleichung $y = 2^x$. Dann wären die 69,31..% der ungewöhnliche Prozentsatz, dem naturgemäß 100% gewöhnlicher Prozentsatz entsprächen.
2. Ein Kapital, welches zu 109,86..% auf Zinseszinsen stünde, müßte sich bei stetiger Verzinsung nach 1 Jahre verdreifachen, nach 2 Jahren verneunfachen, nach 3 Jahren versiebenundzwanzigfachen usw. Seine Wachstumskurve wäre die Kurve mit der Gleichung $y = 3^x$. Dann wären die 109,86..% der ungewöhnliche Prozentsatz, dem naturgemäß 200% gewöhnlicher Prozentsatz entsprächen.

So, wie es oben vermutet wurde, ist es auch wirklich. Jede Exponentialkurve ist die Wachstumskurve eines stetig verzinsten Kapitales. Der Zinsfuß ergibt sich einfach dadurch, daß man von der Basis der Exponentialkurve den natürlichen Logarithmus bildet. Auch von dieser Seite her fällt also auf die natürlichen Logarithmen ein Licht.

Abschnitt 17. Der Aufbau der Rechnungsarten.

Wir erkannten in Abschnitt 5, wie der Logarithmus in das Gefüge der Rechnungsarten eingreift. Die vier Vereinfachungsregeln des logarithmischen Rechnens waren dafür der Ausdruck; durch den Übergang von der Numeri zu den Logarithmen werden aus den vier Rechnungsarten des Multiplizierens, des Dividierens, des Potenzierens und des Radizierens die vier Grundrechnungsarten, das Addieren, das Subtrahieren, das Multiplizieren und das Dividieren.

Ferner ergab sich uns, daß das Logarithmieren, das ja auch eine Rechnungsart darstellt, mit den Rechnungsarten des Potenzierens und des Radizierens eine innere Einheit bildet. Ob man sagt:

$$2^5 = 32 \text{ bzw. } \sqrt[5]{32} = 2$$

oder statt dessen $\qquad$ dyad. log 32 = 5,

kommt auf dasselbe hinaus. So baut sich über der Vierheit der Grundrechnungsarten die Dreiheit des Potenzierens, des Radizierens und des Logarithmierens auf.

Die rechte Stellung des Logarithmierens innerhalb der Gesamtheit der Rechnungsarten enthüllt sich uns jedoch erst, wenn wir den Aufbau aller Rechnungsarten von unten nach oben verfolgen. Wir fassen zu diesem Zwecke die Addition ins Auge und untersuchen sie an Hand eines beliebigen Beispieles.

Es handele sich um die Aufgabe:
$$3 + 5 = 8$$
In ihr besteht zwischen den Zahlen 3 und 5 ein feiner Unterschied. Die erste Zahl, die 3, wird darin vermehrt, wogegen die zweite Zahl, die 5, nicht vermehrt wird, sondern vermehrend ist, sozusagen selber vermehrt. Dieser Unterschied kommt auch in den Namen zum Ausdruck, welche man jenen beiden Zahlen gibt, indem man die erstere den Augenden oder die zu vermehrende Zahl, die letztere den Addenden oder die hinzuzufügende Zahl nennt. Gegenüber dieser Unterschiedlichkeit beider Zahlen besteht nun die Tatsache, daß Augend und Addend miteinander vertauschbar sind, ohne daß dadurch das Ergebnis beeinflußt wird. Der begriffliche Unterschied zwischen Augend und Addend bleibt also beim praktischen Rechnen ohne Folgen. Wegen der Vertauschbarkeit beider Größen ist man berechtigt, ihnen einen gemeinsamen Namen, Summanden, zu geben, und der ganze Rechenvorgang würde folgerichtig Summation heißen müssen. Statt dessen spricht man fast nur von der Addition und rückt somit das Rechengeschehen einseitig unter den Gesichtspunkt des Addenden. Es wäre mindestens ebenso erlaubt, das Ganze vom Augenden aus zu betrachten und es eine Augmentation zu nennen.

Der Unterschied zwischen Augend und Addend wird um einen Grad deutlicher, wenn man den Rechenvorgang zurückwendet. Dem Hinzufügen der 5 zu der 3 entspricht geradewegs das Wegnehmen derselben 5 von dem Ergebnisse des Hinzufügens, der 8, wodurch man wieder an den Ausgangspunkt, die 3, zurückgelangt. Das ist die eigentliche Subtraktion, welche durch die Schreibweise
$$8 - 5 = 3$$
wiedergegeben wird. Die 8 trägt darin den Namen Minuend oder zu vermindernde Zahl, die 5 den Namen Subtrahend oder abzuziehende Zahl. Aber es gibt noch eine andere Rückwendung der Aufgabe $3 + 5 = 8$, das unterschiedsbildende Vergleichen: ich kann ja den Endpunkt des Prozesses, die 8, mit dem Anfangspunkt desselben, der 3, vergleichen und komme dann zu dem Ergebnis, daß der Unterschied, der durch Verminderung der 8 auf die 3 ermittelt werden kann, die 5 ist. Zu Unrecht spricht man bei dieser Aufgabe von der Subtraktion der 3 von der 8. Nein, es handelt sich ganz klar um einen Vergleich der 8 mit der 3. Ebenso irreführend ist es, die Aufgabe als eine Subtraktion der 3 von der 8 zu schreiben:
$$8 - 3 = 5$$
Man müßte für dieses unterschiedsbildende Vergleichen eine neue Symbolik schaffen, um einer Verwechselung mit der Subtraktion aus dem Wege zu gehen, etwa, indem man

zwischen die beiden zu vergleichenden Zahlen einen Vertikalstrich setzt zum Unterschiede von dem Horizontalstrich, der das eigentliche Subtrahieren andeutet:
$$8 \mid 3 = 5$$
Das aus einem Horizontalstrich und einem Vertikalstrich zusammengesetzte Pluszeichen wäre dann bei den zwei möglichen Rückwendungen des Prozesses in je einem seiner beiden Einzelbestandteile vertreten.

Das tägliche Leben liefert uns auch Beispiele dieses in der Betrachtung vernachlässigten unterschiedsbildenden Vergleichens. Wie ist es z. B. beim Geldausgeben? Wir haben eine bestimmte Summe bei uns, die wir durch verschiedene Einkäufe vermindern, ohne diesen Vorgang des Ausgebens, des Subtrahierens immer mit dem Bewußtsein zu begleiten. Erst am Schluß stellen wir fest, was noch übrig geblieben ist, und vergleichen es mit dem, was am Anfange da war. Es würde doch niemandem beikommen, den nicht ausgegebenen Rest des Geldes als das, was man ausgegeben hat, anzusehen. Aber so macht man es, wenn man alles zur Subtraktion umpreßt. Dies rächt sich nur deshalb nicht, weil die Aufgaben
$$8 \mid 3 = 5 \quad \text{und} \quad 8 - 3 = 5$$
in ihrer Zahlenfolge übereinstimmen.

Zusammenfassend kann man sagen, daß der Rechenvorgang der Summation sich bei seiner Rückwendung in die zwei Rechenvorgänge des Subtrahierens und des unterschiedsbildenden Vergleichens gliedert, wobei der erstere mehr auf eine Tätigkeit, das Wegnehmen, hingeordnet ist, der letztere mehr auf eine Betrachtung durch Anstellung eines Vergleiches ausgeht. Das Subtrahieren hat einen aktiven Charakter, das Vergleichen einen passiven. Beides rührt davon her, daß in der Summation der Augend mehr passiver, der Addend mehr aktiver Natur ist.

Goethe hat einmal auseinandergesetzt, daß alle Höherentwickelung auf Polarität und Steigerung beruhe: eine Polarität, ein Gegensatz könne nur durch Steigerung, d. h. nur durch Harmonisierung der Pole in einem übergeordneten Dritten überwunden werden. So ist es auch beim Auf- und Ausbau des Rechnens. Auf seiner untersten Stufe entfaltet sich ein Gegensatz, derjenige zwischen Augend und Addend. Seine Überwindung wird dadurch angebahnt, daß Augend und Addend von derselben Zahl eingenommen werden, wie es z. B. bei der Aufgabe
$$3 + 3 = 6$$
der Fall ist. Nichts hindert, die Hinzufügung der 3 zu sich selber nicht bloß einmal, sondern öfter vorzunehmen und so beispielsweise zu der Aufgabe
$$3 + 3 + 3 + 3 + 3 = 15$$
zu gelangen. Gießen wir diese Art Aufgaben überdies in eine neue Form, so ist die alte Polarität vollends überwunden. Eine Steigerung der Summation ist vollzogen; wir haben eine höhere Ebene, die der Multiplikation, erreicht. Die neue Form für unsere letzte Aufgabe lautet nun: $\quad 5 \cdot 3 = 15$

Die Entwickelung wäre nun an einem Endpunkte angelangt, wenn in der neuen Aufgabe nicht wieder eine Polarität walten würde. Von der Existenz einer solchen können wir uns leicht überzeugen, wenn wir in der Aufgabe statt der unbenannten Zahlen benannte einführen. Dann zeigt sich, daß nur die zweite der beiden Zahlen benannt zu werden vermag. Es gibt z. B. nicht die Aufgabe

$$5\,\mathcal{M}.3\,\mathcal{M},$$

sondern die Aufgabe $\qquad 5.3\,\mathcal{M}.$

Einige Benennungen scheinen davon eine Ausnahme zu machen, da z. B. die Aufgabe

$$5\,\text{cm}.3\,\text{cm} = 15\,\text{qcm (Quadratzentimeter!)}$$

möglich ist; aber die hier vorliegende Spezialfrage soll uns hier nicht weiter beschäftigen. Auf der Stufe der Summation besteht dieses Problem der benannten Zahlen noch nicht; da können Augend und Addend jeder gleichartigen Benennung unterworfen werden. Die Spannung zwischen den beiden Elementen der Multiplikation muß also sogar stärker als zwischen denjenigen der Summation sein. Die Vorderzahl einer Multiplikationsaufgabe ist eben von ganz anderem Charakter als die Hinterzahl; erstere ist bloße „Anzahl" geworden. Man bezeichnet die Vorderzahl als den Vervielfacher oder Multiplikator, die Hinterzahl als die zu Vervielfachende oder den Multiplikanden; zwischen beiden besteht also ebenfalls der Gegensatz des Aktiven und des Passiven.

Wegen des starken Auseinandertretens von Multiplikator und Multiplikand ist die Vertauschbarkeit beider nur noch mit Einschränkung möglich. Ist der Multiplikand eine benannte Zahl, so wird die Vertauschung sinnlos. Aus der Aufgabe

$$5.3\,\mathcal{M}$$

kann nicht die Aufgabe $\qquad 3\,\mathcal{M}.5$

entstehen. Man kann wohl „fünfmal" etwas tun, aber nicht „3 $\mathcal{M}$ mal". Die Vertauschbarkeit kann daher nur erfolgen, wenn außer dem Multiplikator auch der Multiplikand eine unbenannte Zahl ist:

$$3.5 = 5.3$$

Dennoch ist die Vertauschbarkeit der Multiplikationsstufe von anderem Charakter als diejenige der Summationsstufe. Während nämlich der Tatbestand

$$3 + 5 = 5 + 3$$

unmittelbar einleuchtet, ist der Tatbestand

$$3.5 = 5.3$$

von weit geringerer Evidenz. Auch das Zurückführen der Multiplikationsaufgabe auf die entsprechende Summationsaufgabe bessert daran nichts; denn

$$5 + 5 + 5 = 3 + 3 + 3 + 3 + 3$$

liegt nicht ohne weiteres auf der Hand. Immerhin, die Vertauschbarkeit besteht gerade noch, so daß man auch hier berechtigt ist, Multiplikator und Multiplikand einen gemeinsamen Namen zu geben; man heißt sie beide Faktoren.

Wir sehen voraus, daß bei der Rückwendung des Multiplikationsprozesses die Gegensätze noch schärfer hervortreten als bei der Rückwendung der Summation. Dem Vervielfachen der Zahl 3 mit der Anzahl 5 entspricht geradewegs das Teilen, das Dividieren der Ergebniszahl 15 durch die Anzahl 5. Wir gelangen zu der Aufgabe

$$15:5 = 3 \text{ (15 geteilt durch 5 ergibt 3).}$$

15 ist die zu teilende Zahl oder der Dividend, 5 die teilende Zahl oder der Divisor und 3 der sich ergebende Teil. Die daneben vollgültig vorhandene andere Rückwendung ist ganz anderen Charakters; sie kann als messendes Vergleichen bezeichnet werden. Denn man beurteilt bei ihr, wie oft der Teil 3 in der Ganzheit 15 enthalten ist und kommt zu der Anzahl 5; man „mißt" das Ganze mit Hilfe seines Teiles. Bei Verwendung benannter Zahlen wird alles noch klarer. Aus der Multiplikationsaufgabe

$$5 \cdot 3 \mathcal{M} = 15 \mathcal{M}$$

entsteht als Teilungsaufgabe nur:

$$15 \mathcal{M} : 5 = 3 \mathcal{M}$$

Die andere Rückwendung $\quad 15 \mathcal{M} : 3 \mathcal{M} = 5$

existiert nicht im Sinne eines Teilens der 15 $\mathcal{M}$ durch 3 $\mathcal{M}$, was ja nicht möglich wäre, sondern nur im Sinne eines Vergleichens der 15 $\mathcal{M}$ mit 3 $\mathcal{M}$. Um auch hier Verwechselungen vorzubeugen, wollen wir vorübergehend für das Vergleichen eine andere Symbolik als für das Teilen einführen, den waagerechten Doppelpunkt statt des senkrechten, der dem Teilen vorbehalten bleiben soll. Dann bedeutet:

$$15 \,..\, 3 = 5$$

15, verglichen mit 3, ergibt 5.

Bei der Ausbildung der einzelnen Rechnungsarten im Laufe der menschheitlichen Entwickelung ist das Teilen zunächst ganz unabhängig vom Vergleichen entstanden. Während das Teilen und die damit zusammenhängende Entwicklung des Bruchbegriffes auf dem Boden des alten Ägyptens entstand, wendete sich der alte Grieche vornehmlich der Ausbildung des Vergleichens zu und schuf eine feingeschliffene Proportionenlehre; eine Proportion ist ja nichts anderes als das Vergleichen zweier Vergleiche:

$$15 \,..\, 3 = 20 \,..\, 4$$

bedeutet, daß sich 15 zur 3 ebenso verhält wie 20 zur 4. Ein Vergleich hieß im alten Griechentum ein Logos, der Vergleich zweier Vergleiche eine Analogie.

Würden wir die beiden Rückwendungen der Summation zu denen der Multiplikation in Parallele setzen, so müßten wir auf der einen Seite die beiden aktiven Rückwendungen, das Subtrahieren und das Dividieren, zusammenstellen, auf der anderen Seite die beiden passiven Rückwendungen, das unterscheidende und das messende Vergleichen.

Wir stehen vor dem letzten Schritt, der nochmaligen Steigerung der Multiplikation, und können uns nun kürzer fassen. Die Auslöschung des Gegensatzes zwischen Multiplikator und Multiplikand wird durch eine Multiplikationsaufgabe eingeleitet, bei der beide aus derselben Zahl bestritten werden, etwa durch

$$3 \cdot 3 = 9$$

Wieder hindert uns nichts, mehrere Multiplikatoren zu verwenden, so daß wir etwa zu der Aufgabe gelangen:

$$3 \cdot 3 \cdot 3 \cdot 3 \cdot 3 = 243$$

Wir erklimmen mit ihr die dritte Stufe der Rechnungsleiter, die Potenz:

$$3^5 = 243$$

Zwischen der Grundzahl 3 und der Hochzahl 5 besteht nun der denkbar größte Gegensatz; der gleichsam trägen Grundzahl steht die gleichsam leichte Hochzahl gegenüber. Hier ist es nicht einmal mehr als Ausnahme möglich, daß die aktive Zahl, die Hochzahl, eine Benennung annimmt. Es gibt wohl die Aufgabe
$$(3 \text{ cm})^2 = 9 \text{ qcm,}$$
aber nicht mehr $3 \, {}^{2\,\text{cm}}$ oder gar $(3 \text{ cm}) \, {}^{2\,\text{cm}}$. Welches Maß von Aktivität in der Hochzahl vorgestellt werden kann, zeigt auch die Verbildlichung einer Potenzreihe durch einen wachsenden Baum oder eine wachsende Pflanze. Der Hochzahl entspricht in diesem Bilde die jeweilige Verästelungsstufe, d. h. eben die Kraft des Wachsens. Die Folge der Hochzahlen ist es auch, welche die Grundzahl rasch zu ungeheuer großen oder ungeheuer kleinen Werten steigert.

Als einen weiteren Ausdruck dieser Gegensätzlichkeit zwischen Basis und Hochzahl möchte man es ansehen, daß beide unverwechselbar, unvertauschbar sind. Die Aufgabe 3^5 führt zu einem anderen Ergebnisse als die Aufgabe 5^3:
$$3^5 = 243 \text{ und } 5^3 = 125$$
Auf Grund dieser Unvertauschbarkeit haben auch die Verwechselungen und Verwirrungen ein Ende, die das Gesetz der Vertauschbarkeit innerhalb der Rückwendung des betreffenden Pozesses anrichtete. Hier treten die beiden Rückwendungen klar und deutlich auseinander. Wie aus der Basis 3 durch Potenzieren mit der Hochzahl 5 die Potenz 243 herauswächst, so entsteht aus der Potenz 243 durch Radizieren mit der Hochzahl 5 die Basis 3. Das Radizieren ist also die geradlinige Umkehrung des Potenzierens und stellt sich damit in eine Reihe mit dem Subtrahieren und dem Dividieren. In Subtrahieren, Dividieren und Radizieren treten uns die drei aktiven Rückwendungen des Summierens, des Multiplizierens und des Potenzierens entgegen. Entspechend stellt sich als passive Rückwendung dem unterscheidenden und dem messenden Vergleichen ein drittes Vergleichen an die Seite, das Logarithmieren: ich vergleiche die Grundzahl 3 mit der entstandenen Potenz 243 und stelle fest, daß die Hochzahl 5 wirksam gewesen sein muß. So ergibt sich folgende Zusammenstellung:

	Summation	
	$3 + 5 = 8$	
Unterscheidendes Vergleichen		Subtraktion
$8 \mid 3 = 5$		$8 - 5 = 3$
	Multiplikation	
	$5 \cdot 3 = 15$	
Messendes Vergleichen		Division
$15 \mathbin{..} 3 = 5$		$15 : 5 = 3$
	Potenzierung	
	$3^5 = 243$	
Logarithmisches Vergleichen		Radizieren
${}_3\log 243 = 5$		$\sqrt[5]{243} = 3$

Um den Unterschied zwischen den drei Vergleichsmöglichkeiten zweier Zahlen klar vor uns zu haben, wollen wir beispielsweise die beiden Zahlen 4 und 64 auf die drei verschiedenen Arten miteinander vergleichen:

Das unterscheidende Vergleichen ergibt die Zahl 60 $64 \mid 4 = 60$
Das messende Vergleichen ergibt die Zahl 16 $64 .. 4 = 16$
Das logarithmische Vergleichen ergibt die Zahl 3 $_4\log 64 = 3$

Abschnitt 18. Die Tonwahrnehmung und die Rechnungsarten.
Das Weber-Fechner'sche Gesetz der Psychophysik.

Der Aufbau der Rechnungsarten wäre von uns nicht so ausführlich dargestellt worden, wenn er nicht für das Verständnis eines wichtigen Vorganges im Menschen die Voraussetzung bildete. Dieser Vorgang besteht in der Wahrnehmung von Tönen durch das menschliche Ohr. Wir lernten im Gebiete des Rechnens auf jeder der drei vorhandenen Stufen eine Rückwendung kennen, die als ein Vergleichen gekennzeichnet werden kann. Beim Vergleich zweier Zahlen können wir zwischen beiden entweder einen Unterschied oder ein Verhältnis oder eine Wachstumsbeziehung feststellen. So waltet zwischen den Zahlen 4 und 64 erstens der Unterschied 60, zweitens das Verhältnis 16 und drittens die Wachstumszahl 3. Dieselbe Dreistufigkeit findet sich auch in der Wahrnehmung der Töne durch das menschliche Ohr, wenn dieses vor der Aufgabe steht, entweder einen einzigen Ton oder ein Tonpaar oder eine Tonvielheit, zumindest eine Tondreiheit, aufzufassen.

Beginnen wir mit dem Erlebnis des einzelnen Tones! Auf das hier Gemeinte kommen wir nur, wenn wir den Einzelton im Momente seiner Entzweiung ergreifen, d. h. wenn wir zwei im Grunde verschiedene Töne erklingen lassen, die sich der Tonwahrnehmung jedoch noch als ein einziger Ton darstellen. Es handele sich z. B. um die beiden Töne, deren Schwingungsmengen 435 bzw. 440 Schwingungen in der Sekunde betragen. Bei ihrem gleichzeitigen Erklingen vernehmen wir nur einen Ton, aber wir hören ihn vibrierend; fünf Male schwillt seine Stärke in der Sekunde an und ab. In dieser Erscheinung, die der Physiker Schwebung nennt, nimmt das Ohr den Unterschied der beiden Schwingungsmengen, der ja 5 Schwingungen pro Sekunde beträgt, wahr. Daß es dieses kann, ist gar nicht einmal etwas Erstaunliches. Denn der akustische Luftvorgang selber ruft diese Unterschiedszahl durch die ja jedem Physiker bekannte Erscheinung der sogenannten Interferenz von Schwingungen hervor. Diese Fähigkeit des Ohres, die Anzahl der Schwebungen eines solchen Doppeltones in der Sekunde zu zählen, ist also rein äußerlich erklärbar und bedingt. Das Ohr müßte geradezu schlecht organisiert sein, wenn es die äußerlich vorhandenen Vibrationen dieses Doppeltones nicht wahrnehmen könnte.

Jetzt betrachten wir den Fall, daß die Schwingungsmengen beider Töne weiter auseinanderliegen. Es möge sich etwa um die beiden Töne mit 435 und 870 Schwingungen pro Sekunde handeln. Dann wird das Ohr die Schwebungswahrnehmung nicht mehr haben. Dafür hört es die beiden Töne auch als zwei voneinander unterschiedene Gebilde. „Zwischen" ihnen wird nun etwas anderes festgestellt, nicht mehr der Unterschied ihrer sekundlichen Schwingungsmengen, sondern das Verhältnis derselben. Das Ohr stellt fest, daß die beiden Töne zueinander im Verhältnis der sogenannten Oktave stehen; es spürt gleichsam das Zahlenverhältnis $435 \ldots 870 = 1 \ldots 2$ auf, das ja die Oktave physikalisch kennzeichnet. Das unterscheidende Vergleichen zweier Töne führt zur Schwebungswahrnehmung. Das verhältnisbildende oder messende Vergleichen zweier nun wirklich in der Wahrnehmung getrennter Töne führt zum sogenannten Intervall-Erlebnis. Hier liegt schon keine eigentliche Sinneswahrnehmung mehr vor, sondern ein seelisches Erlebnis auf der Grundlage der Sinneswahrnehmung zweier Töne.

Nun lassen wir zu den beiden genannten Tönen noch mindestens einen dritten hinzutreten, etwa denjenigen mit 1740 Schwingungen in der Sekunde. Wenn drei Töne nacheinander erklingen, liegt die Urform der Skala, der Tonleiter vor. Die Zahlen 435, 870 und 1740 verhalten sich zueinander wie die Zahlen 1, 2 und 4. Das Ohr nimmt naturgemäß nunmehr zwei Oktaven hintereinander wahr; denn die Oktavwahrnehmung gründete sich auf das Verhältnis $1 \ldots 2$, und dieses waltet in der Zahlenfolge 1, 2 und 4 von 1 nach 2 ebenso wie von 2 nach 4. Wir setzen also bei dem Erklingen von mindestens drei Tönen das an Hand zweier Töne gewonnene Intervall-Erlebnis in die Mehrheit der Töne fort. Das Skalen-Erlebnis ist eine Vielheit von Intervall-Erlebnissen. Aber es ist nicht bloß dieses, sondern mehr. Das einzelne Intervall ist ja ein Vergleich. Die Skala gestattet über den einzelnen Vergleich hinaus das Vergleichen der Intervalle, das Vergleichen der Vergleiche und setzt sich damit in Parallele zu dem mathematischen Gebilde der Proportion. So beruht das als Beispiel angeführte Skalen-Erlebnis auf der Proportion:

$$1 \ldots 2 = 2 \ldots 4$$

Das Bemerkenswerte ist bei diesem Vergleichen der Vergleiche, daß die einzelnen Vergleichs-Elemente, die Intervalle nämlich, den Charakter von Schritten, von Tonschritten annehmen. Mehrere Intervalle werden miteinander verglichen, wie man verschiedene Schritte miteinander vergleicht. So sind zwei Oktaven hintereinander für das Ohr der gleiche Tonschritt. Das Vergleichen von Schritten geschieht jedoch im Sinne des Unterschiedbildens. Aber es würde ja einen Widerspruch ergeben, wenn wir nun daraufhin zwischen den Zahlen 1, 2 und 4 die Unterschiede bilden würden; denn dann würde herauskommen, daß von 1 nach 2 ein anderer Schritt sei als von 2 nach 4, was ja gerade nicht der Fall ist. Das Problem liegt vor, zwischen den drei Zahlen 1, 2 und 4 solche Beziehungen herzustellen, daß die Gleichheit des Tonschrittes von 1 nach 2 mit demjenigen von 2 nach 4 in die Augen springt. Die Lösung liegt darin, die Zahlen 1, 2 und 4 sämtlich in Potenzen einer und derselben Grundzahl, als welche sich hier die Zahl 2 empfiehlt, umzuschreiben. Dann wird aus der Folge 1, 2 und 4 die Folge 2^0, 2^1 und 2^2. Die Gleichheit der beiden Tonschritte leuchtet nunmehr in der Folge der Hochzahlen 0, 1 und 2 auf: von 0 nach 1 ist es derselbe Schritt wie von 1 nach 2. Das Hör-Erlebnis der Skala findet also seinen ihm angemessenen Ausdruck in der Aufeinanderfolge der Hochzahlen unter Zugrundelegung einer und derselben Basis.

Es ist ganz gleich, welche Basis man dabei wählt. Hätten wir die Basis 4 für unsere Zahlenfolge 1, 2 und 4 gewählt, so hätten die Potenzen gelautet:

$$4^0 \quad 4^{\frac{1}{2}} \quad 4^1$$

Die neue Hochzahlfolge 0, $\frac{1}{2}$ und 1 zeigt wiederum die Gleichheit der beiden Tonschritte. Was tut also unser Ohr im Wahrnehmen der Intervallfolge mehrerer Töne? Es vollzieht einen geheimnisvollen geistigen Akt, welcher dem Verstande als eine Umschmelzung der Schwingungszahlen der einzelnen Töne in Potenzen derselben Basis erscheint. Das musikalische Erlebnis der Skala spielt sich dann sozusagen oben in den Hochzahlen, d. h. in den Logarithmen der Schwingungszahlen ab. Dabei hält das Ohr die Basis des entstandenen Logarithmensystems im Hintergrunde und befaßt sich nur mit dem Abstandsrhythmus, der in der Folge der Logarithmen derselben Basis waltet. Die Proportionalität der verschiedenen Logarithmensysteme zueinander, die wir in Abschnitt 11 kennen lernten und in Abschnitt 12 am logarithmischen Rechenstab verwirklicht fanden, verwirklicht sich noch einmal in dem Vergleichen der Tonschritte der verschiedenen Töne einer Skala.

Welches ist z. B. der zahlenmäßige Ausdruck des Erlebnisses einer Durtonleiter? Da müssen wir zwischen der rein gestimmten und der temperiert gestimmten Skala unterscheiden. Die rein gestimmte Skala liegt vor, wenn sich die Schwingungszahlen der aufeinanderfolgenden acht Töne zueinander verhalten wie die Zahlen

$$24 : 27 : 30 : 32 : 36 : 40 : 45 : 48$$

(Prim : Sekunde : Terz : Quart : Quint : Sext : Septim : Oktave)

Wir schreiben jetzt einfach alles in Potenzen einer und derselben Basis um, am besten so, daß der Prim die Hochzahl 0 zugeordnet wird. Dies erreichen wir, indem wir alle Zahlen durch 24 teilen, damit an der Stelle der Prim die Zahl 1 erscheint, deren Hochzahl ja bei jeder Basis die Zahl 0 ist:

$$1 : \tfrac{9}{8} : \tfrac{5}{4} : \tfrac{4}{3} : \tfrac{3}{2} : \tfrac{5}{3} : \tfrac{15}{8} : 2 \text{ oder}$$
$$1 : 1{,}125 : 1{,}25 : 1{,}\bar{3} : 1{,}5 : 1{,}\bar{6} : 1{,}875 : 2$$

Von diesen Zahlen berechnen wir am zweckmäßigsten die dyadischen Logarithmen, damit die Oktavzahl 2 die Hochzahl 1 erhält:

$$2^0 : 2^{0,170} : 2^{0,322} : 2^{0,415} : 2^{0,585} : 2^{0,737} : 2^{0,907} : 2^1$$

Die dyadischen Logarithmen gewinnt man ja, indem man (siehe Abschnitt 11!) die dekadischen Logarithmen mit dem Modul 3,3551 multipliziert.

Zwischen Prim und Oktave lagern sich demnach Sekunde, Terz, Quart, Quint, Sext und Septim so, wie sich zwischen die Zahlen 0 und 1 die oben errechneten dyadischen Logarithmen lagern. Wenn wir die letzteren vertausendfachen, so heißt ihre Folge:

$$0 \quad 170 \quad 322 \quad 415 \quad 585 \quad 737 \quad 907 \quad 1000$$

Die Abstandsfolge dieser Zahlen lautet:

$$170 \quad 152 \quad 93 \quad 170 \quad 152 \quad 170 \quad 93$$

Wir kennen diese einzelnen Abstandszahlen als die Intervalle des großen Ganztonschrittes, des kleinen Ganztonschrittes und des Halbtonschrittes:

$$170 = \text{großer Ganztonschritt}$$
$$152 = \text{kleiner Ganztonschritt}$$
$$93 = \text{Halbtonschritt}$$

Andere Abstandszahlen ergeben sich, wenn wir, wie es die neuzeitliche Musik tut, statt der rein gestimmten Skala die temperiert gestimmte Skala verwenden. Dann wird ja der „Zwischenraum" zwischen der Prim und der Oktav in lauter gleiche Tonschritte unterteilt, und zwar in 12 Halbtonschritte, die sich auf 13 äquidistante Töne verteilen.

Die Prim ist alsdann der 1. dieser Töne,		die Quint	der 8.
die Sekunde	der 3.	die Sext	der 10.
die Terz	der 5.	die Septim	der 12.
die Quart	der 6.	die Oktav	der 13.

Ein Ganztonschritt umfaßt jetzt stets zwei solcher neuen Halbtonschritte. Der Unterschied zwischen großem und kleinem Ganztonschritt ist hinfällig geworden. Die Reihe der Schwingungszahlen dieser einzelnen Töne lautet jetzt:

Prim	Sekunde	Terz	Quart	Quint	Sext	Septim	Oktav	
2^0	$2^{\frac{2}{12}}$	$2^{\frac{4}{12}}$	$2^{\frac{5}{12}}$	$2^{\frac{7}{12}}$	$2^{\frac{9}{12}}$	$2^{\frac{11}{12}}$	2^1	oder
2^0	$2^{0,167}$	$2^{0,333}$	$2^{0,417}$	$2^{0,583}$	$2^{0,750}$	$2^{0,917}$	2^1	

Wenn wir die Hochzahlen, die wieder die dyadischen Logarithmen der einzelnen Schwingungszahlen darstellen, vertausendfachen, kommen wir zu der Folge:

$$0 \quad 167 \quad 333 \quad 417 \quad 583 \quad 750 \quad 917 \quad 1000$$

Die Abstandsfolge dieser Zahlen lautet:

$$167 \quad 166 \quad 84 \quad 166 \quad 167 \quad 167 \quad 83$$

Es gibt jetzt nur noch Ganztonschritte und Halbtonschritte, wobei der Halbtonschritt ie wirkliche Hälfte des Ganztonschrittes bildet. Der Halbtonschritt entspricht der Abstandszahl $\frac{1}{12}$ bzw. $1000 \cdot \frac{1}{12} = 83,\overline{3}$, der Ganztonschritt entspricht der doppelten Abstandszahl $\frac{2}{12}$ bzw. $1000 \cdot \frac{2}{12} = 166,\overline{6}$.

Durch den Übergang von der reinen Stimmung zur temperierten ist eine Verlagerung der einzelnen Töne eingetreten, an der nur die Prim und die Oktave nicht teilgenommen haben. Welchen Umfang diese Verlagerung angenommen hat, ersieht man am besten aus einer Gegenüberstellung der beiderseitigen dyadischen Logarithmen, wobei wir die Vertausendfachung beibehalten wollen:

	rein	temperiert		rein	temperiert
Prim	0	0	Quint	585	583
Sekunde	170	167	Sext	737	750
Terz	322	333	Septim	907	917
Quart	415	417	Oktav	1000	1000

Wir sehen, daß die Terz, die Sext und die Septim die stärkste Verlagerung erfahren haben, wogegen diejenige der Sekunde, der Quart und der Quint nur gering ist.

Das mit den Logarithmen zusammenhängende Skalen-Erlebnis trägt nicht mehr wie das eine Stufe tieferliegende Intervall-Erlebnis ein bloß seelisches Element in sich, sondern wächst darüber hinaus in eine rein geistige Sphäre hinein. Unsere Dreiheit des Vergleichens, bestehend aus Unterschied, Verhältnis und Logarithmus, weist verborgen auch auf die Urdreiheit des Leiblichen, Seelischen und Geistigen hin.

So tragen wir den Stufenbau des Rechnens als musikalisch veranlagte Wesen bis in unser tiefstes Menschentum hinein. Wie anders werden wir nun einem solchen Gebiete wie der Logarithmenrechnung gegenüberstehen, wenn wir wissen, daß wir beim hörenden Auffassen von Tonleitern oder auch von Akkorden, die mehr als zwei Töne umfassen, etwas tun, was der Herstellung einer Logarithmentafel vergleichbar ist! Wie anders schauen wir nun auch die Tastatur etwa eines Klavieres an, auf der ja die verschiedenen Oktavtasten in räumlich gleichen Abständen voneinanderliegen und auf der die Zwischentöne einer einzelnen Oktave so angeordnet sind, wie es den entwickelten Abstandszahlen einer temperierten Skala entspricht! Wo es sich um einen Ganztonschritt handelt, schaltet sich zwischen zwei weiße Tasten eine schwarze als Veranlasserin des dazwischenliegenden Halbtones ein; wo ein Halbtonschritt vorliegt, folgen zwei weiße Tasten direkt aufeinander. Eine solche Tastatur ist im Grunde nichts anderes als ein ins Musikalische verwandelter logarithmischer Rechenstab. Denken wir uns zu den einzelnen Tasten die Schwingungszahlen der zu ihnen gehörigen Saiten hinzu, so haben wir einen wirklichen logarithmischen Rechenstab vor uns. Bei letzterem lesen wir Zahlen ab, bei der Tastatur hören wir durch Anschlagen der Tasten die entsprechenden Töne ab.

Was im vorigen als der Zusammenhang zwischen dem Tonleitererlebnis und dem Logarithmus vor uns stand, sei mathematisch noch etwas weiter ausgeführt. Wir legen wieder unser ursprüngliches Beispiel, wonach vor unserem Ohre aufeinanderfolgende Oktaven erklingen, deren Schwingungszahlen die Zahlen 435, 870, 1740, ... sein mögen, zugrunde. Dann haben wir hörend das Erlebnis gleicher Tonschritte; wir durchschreiten gleichsam die Zahlenfolge 0, 1, 2, ... Welches ist der rechnerische Zusammenhang zwischen beiden Zahlengruppen? Diese Frage wird leicht durch eine Untereinanderstellung der beiden Zahlengruppen beantwortbar:

Schwingungszahlen 435 870 1740 3480 6960 ..., allgemein y
Skalenzahlen   0   1   2   3   4 ..., allgemein x

Wir erkennen folgende Zusammenhänge:

$$435 = 435 \cdot 1 = 435 \cdot 2^0$$
$$870 = 435 \cdot 2 = 435 \cdot 2^1$$
$$1740 = 435 \cdot 4 = 435 \cdot 2^2$$
$$3480 = 435 \cdot 8 = 435 \cdot 2^3$$
$$6960 = 435 \cdot 16 = 435 \cdot 2^4$$
$$\dots\dots\dots\dots\dots\dots$$
$$\dots\dots\dots\dots\dots\dots$$

allgemein: $\quad y = 435 \cdot 2^x$

Diese leicht einsehbare Beziehung wollen wir so umformen, daß nicht y, sondern x, die Skalenzahl, fertig ausgerechnet vor uns steht:
$$2^x = \frac{y}{435}, \text{ woraus ja hervorgeht:}$$
$$x = \text{dyad. log } \frac{y}{435}$$
Nun mögen wir unter 435 Schwingungen pro Sekunde eine große Schwingung pro Sekunde verstehen. Dann werden 870 Schwingungen pro Sekunde zwei große Schwingungen pro Sekunde sein, usw., und y gewöhnlichen Schwingungen pro Sekunde werden $\frac{y}{435}$ große Schwingungen pro Sekunde entsprechen. Dieser Bruch möge durch den Buchstaben Y abgekürzt ausgedrückt werden, so daß also jetzt Y die neue Schwingungszahl in Gestalt der Anzahl großer Schwingungen pro Sekunde bedeutet. Dann hängt die Skalenzahl x mit der zu ihr gehörigen Schwingungszahl Y durch die Beziehung zusammen:
$$x = \text{dyad. log } Y$$
Aber auch die Skalenzahl x wollen wir durch eine andere Skalenzahl X ersetzen. Auf diese kommen wir, wenn wir als Letztes noch den Übergang zu den natürlichen Logarithmen vollziehen. Da mögen wir uns ins Gedächtnis zurückrufen, daß für jede Zahl Y gilt:
$$\frac{\text{dyad. log } Y}{\text{nat. log } Y} = \frac{\text{dyad. log } 2}{\text{nat. log } 2} = \frac{1}{0{,}6931\ldots}, \text{ woraus folgt:}$$
$$\text{dyad. log. } Y = \frac{\text{nat. log } Y}{0{,}6931\ldots}$$
Dann wird aus unserer Gleichung $x = $ dyad. log Y:
$$x = \frac{\text{nat. log } Y}{0{,}6931\ldots} \text{ oder:}$$
$$0{,}6931\ldots \cdot x = \text{nat. log } Y$$
Das linke Produkt aus den Zahlen 0,6931... und x soll unsere neue Skalenzahl X sein. Dann besteht zwischen der Schwingungszahl Y und der Skalenzahl X die Beziehung:
$$X = \text{nat. log } Y \text{ oder, was damit gleichbedeutend ist:}$$
$$Y = e^X$$
In Worten ausgedrückt, sagt diese Beziehung:

Wenn man die Schwingungszahlen der Töne eine Skala passend mißt und für die Schrittzahlen der Skala ebenfalls eine passende Messung wählt, so erweisen sich diese Schrittzahlen als die natürlichen Logarithmen der Schwingungszahlen.

Was hier für die Wahrnehmung der Tonhöhe als gültig nachgewiesen ist, gilt wunderbarerweise auch für alle möglichen anderen Wahrnehmungen, für Lichtwahrnehmungen, Druckwahrnehmungen, Temperaturwahrnehmungen u. a. Diese wichtige Entdeckung wurde von dem Physiologen und Anatomen Ernst Heinrich Weber, dem Bruder des großen Physikers Wilhelm Weber, im Jahre 1834 gemacht. Es blieb dann dem Physiker Gustav Theodor Fechner vorbehalten, den weittragenden Wert dieser Weber'schen Entdeckung zu erkennen und sie in seinem Ende 1859 herausgegebenen Werke „Elemente der Psychophysik" (2. Auflage im Jahre 1889 von Wilhelm Wundt und 3. Auflage im Jahre 1907 herausgegeben) auszubauen und mathematisch zu untermauern. Seitdem ist dieses Gesetz in den Bestand der psychologischen Wissenschaft unter dem Namen des Weber-Fechner'schen Gesetzes eingegangen. Fechner nennt obige Formel die Maßformel und sagt in einer Terminologie:

„In Worte übersetzt, lautet die Maßformel:

Die Größe der Empfindung steht im Verhältnis nicht zu der absoluten Größe des Reizes, sondern zu dem Logarithmus der Größe des Reizes, wenn dieser auf seinen Schwellenwert, d. i. diejenige Größe als Einheit bezogen wird, bei welcher die Empfindung entsteht oder verschwindet, oder kurz, sie ist proportional dem Logarithmus des fundamentalen Reizwertes."

Was Fechner hier als „die Größe der Empfindung" bezeichnet, war in unserem Beispiel die Schrittzahl x der Skalenwahrnehmung. Als „Größe des Reizes" figurierte bei uns die Schwingungszahl y. Unter dem „Schwellenwert" wäre die Zahl 435 zu verstehen, weil bei dieser Anzahl von Schwingungen das Skalenerlebnis entsteht oder verschwindet. Indem wir den sogenannten Reizwert y auf den sogenannten Schwellenwert 435 beziehen, gelangen wir zu dem „fundamentalen Reizwert" $Y = \frac{y}{435}$. Es ist hier nicht der Ort, auf den Sinn der andersartigen Bezeichnungen Fechner's einzugehen. Es muß uns genügen, die Übereinstimmung des Weber-Fechner'schen Gesetzes mit dem zwischen Schwingungszahlen und Skalenzahlen waltenden Gesetze eingesehen zu haben.

Durch die Untersuchungen dieses letzten Paragraphen werden alle bisherigen Ausführungen auf einen Gipfelpunkt geführt. Stufe um Stufe enträtselte sich uns das Wesen Logarithmus, bis wir zuletzt erkannten, wie er in der Welt der Empfindungen des Menschen waltet, wenn die Außenwelt, an ihn heranbrandend, ihre Wirkungen in die Golfe der Sinne hineinschickt. Ein Vermittler zwischen Innenwelt und Außenwelt ist er. Wenn der Mensch das, was er in seinem Geiste ersinnt, der Außenwelt zuführt, um es praktisch werden zu lassen, hat er keinen treueren Gehilfen als den Logarithmus. Aber nicht minder ist er der Bote, wenn dieselbe Außenwelt sich in Gestalt von Empfindungen im Innern des Menschen spiegelt. Von hier aus gesehen, kann uns auch sein Name, der die beiden Begriffe logos und arithmos zueinanderführt, in einem neuen Glanze erscheinen.

Dieser Glanz würde noch zunehmen, wenn auf den Logarithmus das volle Licht der höheren mathematischen Betrachtungsweise fiele. Eine Probe davon bot sich uns bereits dar, als wir uns manche Ergebnisse dieser höheren Betrachtungsweise, soweit sie mit Hilfe elementarer Begriffe, wenn auch nicht begründet, so doch wenigstens beschrieben werden können, vor Augen hielten, wie z. B. die Eigenschaften der Bernoullischen Spirale. Aber es gibt noch viele Eigenschaften dieses Logarithmus, zu deren bloßer Beschreibung auch die gewöhnlichen Begriffe nicht mehr ausreichen. Auf ihre Kenntnis und Erkenntnis müssen wir hier verzichten, uns damit begnügend, eingesehen zu haben, daß schon durch das gewöhnliche Denken der menschliche Geist in die Tiefen dieses bedeutsamen Gebildes zu dringen vermag.

Titelkupfer von Benjamin Bramers „Bericht . . .", 1648.
Kupferstich von A. Eisenhaut mit nachträglich eingefügtem Medaillon, Jost Bürgi darstellend,
Stich von Aeg. Sadeler

Die vierstelligen Logarithmen

N.	0	1	2	3	4	5	6	7	8	9	D.*
10	0000	0043	0086	0128	0170	0212	0253	0294	0334	0374	40
11	0414	0453	0492	0531	0569	0607	0645	0682	0719	0755	37
12	0792	0828	0864	0899	0934	0969	1004	1038	1072	1106	33
13	1139	1173	1206	1239	1271	1303	1335	1367	1399	1430	31
14	1461	1492	1523	1553	1584	1614	1644	1673	1703	1732	29
15	1761	1790	1818	1847	1875	1903	1931	1959	1987	2014	27
16	2041	2068	2095	2122	2148	2175	2201	2227	2253	2279	25
17	2304	2330	2355	2380	2405	2430	2455	2480	2504	2529	24
18	2553	2577	2601	2625	2648	2672	2695	2718	2742	2765	23
19	2788	2810	2833	2856	2878	2900	2923	2945	2967	2989	21
20	3010	3032	3054	3075	3096	3118	3139	3160	3181	3201	21
21	3222	3243	3263	3284	3304	3324	3345	3365	3385	3404	20
22	3424	3444	3464	3483	3502	3522	3541	3560	3579	3598	19
23	3617	3636	3655	3674	3692	3711	3729	3747	3766	3784	18
24	3802	3820	3838	3856	3874	3892	3909	3927	3945	3962	17
25	3979	3997	4014	4031	4048	4065	4082	4099	4116	4133	17
26	4150	4166	4183	4200	4216	4232	4249	4265	4281	4298	16
27	4314	4330	4346	4362	4378	4393	4409	4425	4440	4456	16
28	4472	4487	4502	4518	4533	4548	4564	4579	4594	4609	15
29	4624	4639	4654	4669	4683	4698	4713	4728	4742	4757	14
30	4771	4786	4800	4814	4829	4843	4857	4871	4886	4900	14
31	4914	4928	4942	4955	4969	4983	4997	5011	5024	5038	13
32	5051	5065	5079	5092	5105	5119	5132	5145	5159	5172	13
33	5185	5198	5211	5224	5237	5250	5263	5276	5289	5302	13
34	5315	5328	5340	5353	5366	5378	5391	5403	5416	5428	13
35	5441	5453	5465	5478	5490	5502	5514	5527	5539	5551	12
36	5563	5575	5587	5599	5611	5623	5635	5647	5658	5670	12
37	5682	5694	5705	5717	5729	5740	5752	5763	5775	5786	12
38	5798	5809	5821	5832	5843	5855	5866	5877	5888	5899	12
39	5911	5922	5933	5944	5955	5966	5977	5988	5999	6010	11
40	6021	6031	6042	6053	6064	6075	6085	6096	6107	6117	11
41	6128	6138	6149	6160	6170	6180	6191	6201	6212	6222	10
42	6232	6243	6253	6263	6274	6284	6294	6304	6314	6325	10
43	6335	6345	6355	6365	6375	6385	6395	6405	6415	6425	10
44	6435	6444	6454	6464	6474	6484	6493	6503	6513	6522	10
45	6532	6542	6551	6561	6571	6580	6590	6599	6609	6618	10
46	6628	6637	6646	6656	6665	6675	6684	6693	6702	6712	9
47	6721	6730	6739	6749	6758	6767	6776	6785	6794	6803	9
48	6812	6821	6830	6839	6848	6857	6866	6875	6884	6893	9
49	6902	6911	6920	6928	6937	6946	6955	6964	6972	6981	9
50	6990	6998	7007	7016	7024	7033	7042	7050	7059	7067	9
51	7076	7084	7093	7101	7110	7118	7126	7135	7143	7152	8
52	7160	7168	7177	7185	7193	7202	7210	7218	7226	7235	8
53	7243	7251	7259	7267	7275	7284	7292	7300	7308	7316	8
54	7324	7332	7340	7348	7356	7364	7372	7380	7388	7396	8
N.	0	1	2	3	4	5	6	7	8	9	D.

*) Die Differenzen unter D. sind diejenigen für den Übergang von

der Zahlen von 100 bis 1009.

N.	0	1	2	3	4	5	6	7	8	9	D.
55	7404	7412	7419	7427	7435	7443	7451	7459	7466	7474	8
56	7482	7490	7497	7505	7513	7520	7528	7536	7543	7551	8
57	7559	7566	7574	7582	7589	7597	7604	7612	7619	7627	7
58	7634	7642	7649	7657	7664	7672	7679	7686	7694	7701	8
59	7709	7716	7723	7731	7738	7745	7752	7760	7767	7774	8
60	7782	7789	7796	7803	7810	7818	7825	7832	7839	7846	7
61	7853	7860	7868	7875	7882	7889	7896	7903	7910	7917	7
62	7924	7931	7938	7945	7952	7959	7966	7973	7980	7987	6
63	7993	8000	8007	8014	8021	8028	8035	8041	8048	8055	7
64	8062	8069	8075	8082	8089	8096	8102	8109	8116	8122	7
65	8129	8136	8142	8149	8156	8162	8169	8176	8182	8189	6
66	8195	8202	8209	8215	8222	8228	8235	8241	8248	8254	7
67	8261	8267	8274	8280	8287	8293	8299	8306	8312	8319	6
68	8325	8331	8338	8344	8351	8357	8363	8370	8376	8382	6
69	8388	8395	8401	8407	8414	8420	8426	8432	8439	8445	6
70	8451	8457	8463	8470	8476	8482	8488	8494	8500	8506	7
71	8513	8519	8525	8531	8537	8543	8549	8555	8561	8567	6
72	8573	8579	8585	8591	8597	8603	8909	8615	8621	8627	6
73	8633	8639	8645	8651	8657	8663	8669	8675	8681	8686	6
74	8692	8698	8704	8710	8716	8722	8727	8733	8739	8745	6
75	8751	8756	8762	8768	8774	8779	8785	8791	8797	8802	6
76	8808	8814	8820	8825	8831	8837	8842	8848	8854	8859	6
77	8865	8871	8876	8882	8887	8893	8899	8904	8910	8915	6
78	8921	8927	8932	8938	8943	8949	8954	8960	8965	8971	5
79	8976	8982	8987	8993	8998	9004	9009	9015	9020	9025	6
80	9031	9036	9042	9047	9053	9058	9063	9069	9074	9079	6
81	9085	9090	9096	9101	9106	9112	9117	9122	9128	9133	5
82	9138	9143	9149	9154	9159	9165	9170	9175	9180	9186	5
83	9191	9196	9201	9206	9212	9217	9222	9227	9232	9238	5
84	9243	9248	9253	9258	9263	9269	9274	9279	9284	9289	5
85	9294	9299	9304	9309	9315	9320	9325	9330	9335	9340	5
86	9345	9350	9355	9360	9365	9370	9375	9380	9385	9390	5
87	9395	9400	9405	9410	9415	9420	9425	9430	9435	9440	5
88	9445	9450	9455	9460	9465	9469	9474	9479	9484	9489	5
89	9494	9499	9504	9509	9513	9518	9523	9528	9533	9538	4
90	9542	9547	9552	9557	9562	9566	9571	9576	9581	9586	4
91	9590	9595	9600	9605	9609	9614	9619	9624	9628	9633	5
92	9638	9643	9647	9652	9657	9661	9666	9671	9675	9680	5
93	9685	9689	9694	9699	9703	9708	9713	9717	9722	9727	4
94	9731	9736	9741	9745	9750	9754	9759	9763	9768	9773	4
95	9777	9782	9786	9791	9795	9800	9805	9809	9814	9818	5
96	9823	9827	9832	9836	9841	9845	9850	9854	9859	9863	5
97	9868	9872	9877	9881	9886	9890	9894	9899	9903	9908	4
98	9912	9917	9921	9926	9930	9934	9939	9943	9948	9952	4
99	9956	9961	9965	9969	9974	9978	9983	9987	9991	9996	4
100	0000	0004	0009	0013	0017	0022	0026	0030	0035	0039	4
N.	0	1	2	3	4	5	6	8	7	9	D.

der letzten Spalte einer Zeile zur ersten Spalte der nächsten Zeile.

	0	500	1000	1500	2000	2500	3000	3500
0	100000000	100501227	101004966	101511230	102020032	102531384	103045299	103561794
10	...10000	...11277	...15867	...21381	...30234	...41637	...55603	...72141
20	...20001	...21278	...26711	...31574	...40437	...51891	...65900	...82100
30	...30003	...31380	...35271	...41687	...50641	...62146	...76216	...92186
40	...40006	...41433	...45574	...51841	...60846	...72402	...86523	103603221
50	...50010	...51487	...55678	...61996	...71052	...82660	...96832	...13581
60	...60015	...61543	...65584	...72158	...81259	...92918	103107142	...23942
70	...70021	...71599	...75691	...82309	...91467	102603177	...17452	...34305
80	...80028	...81656	...85799	...92465	102101676	...13438	...27764	...44660
90	...90036	...91714	...95907	101602627	...11887	...23699	...38077	...55503
100	100100045	100601773	101106017	...12787	...22098	...33961	...48391	...65393
110	...10055	...11834	...16127	...22949	...32210	...44725	...58705	...75767
120	...10066	...21895	...26239	...33111	...42523	...54489	...69021	...86137
130	...30078	...31957	...36352	...43274	...52738	...64755	...79335	...96501
140	...40091	...42022	...46465	...53439	...62953	...75021	...89656	102706875
150	...50105	...52084	...56580	...63604	...73169	...85289	...99975	...17241
160	...60120	...62150	...66696	...73770	...83386	...95557	103210295	...27613
170	...70136	...77216	...76812	...83938	...93605	102705817	...10616	...37986
180	...80153	...82283	...86930	...94106	102203224	...16097	...30937	...48360
190	...90171	...92351	...97046	101704275	...14045	...26369	...41261	...58734
200	100200190	100772470	101217168	...14446	...24166	...36641	...51585	...69110
210	...10210	...12491	...17289	...24617	...34488	...46915	...61910	...79487
220	...20231	...22562	...27411	...34790	...44717	...57190	...72237	...89856
230	...30253	...32634	...37522	...44963	...54936	...67466	...82564	103800244
240	...40276	...42707	...47657	...55138	...65162	...77742	...92897	...10624
250	...50300	...52782	...57782	...65313	...75388	...88020	103303221	...21005
260	...60325	...62855	...67905	...75490	...85616	...98299	...13551	...31387
270	...70351	...72933	...78095	...85661	...95845	102830579	...23883	...41770
280	...80378	...83011	...88162	...95846	102306074	...18860	...34216	...52155
290	...90406	...93189	...98291	101806025	...16305	...29142	...44544	...62540
300	100300435	100803168	101308421	...16206	...26536	...39425	...54883	...72927
310	...10465	...13248	...18552	...26387	...36763	...49708	...65219	...83315
320	...20496	...23330	...28684	...36570	...47003	...59993	...75555	...93704
330	...30528	...35412	...38817	...46754	...57237	...70279	...85893	103904094
340	...40562	...43496	...48950	...56939	...67473	...80566	...96232	...14485
350	...50596	...53580	...59085	...67124	...77710	...90855	103406571	...24878
360	...60631	...63665	...69221	...77311	...87947	102901144	...16911	...35265
370	...70667	...73752	...79358	...87499	...98186	...11434	...27254	...45659
380	...80704	...83839	...89496	...97687	102408476	...21725	...37606	...56057
390	...90742	...93927	...99635	101907787	...18667	...32017	...47940	...66440
400	100400781	100904017	101409775	...19067	...28905	...42310	...58283	...76846
410	...10821	...14107	...19916	...18263	...39152	...52604	...68630	...87243
420	...20862	...24199	...30059	...38455	...49396	...62901	...78973	...97643
430	...30904	...34291	...40201	...45661	...59641	...73196	...89326	104008045
440	...40948	...44384	...50345	...58841	...69887	...83493	...99674	...18449
450	...50991	...54479	...60489	...69037	...80133	...93791	103510002	...28841
460	...61037	...64574	...70636	...79236	...90381	103004091	...20375	...39241
470	...71083	...74671	...80783	...89431	102600630	...14391	...30750	...49645
480	...81130	...84768	...90931	...99631	...10880	...24691	...41081	...60051
490	...91178	...94867	101501030	102009831	...21132	...34995	...51435	...70466
500	100501227	101004966	...11230	...20032	...31384	...45299	...61790	...80816

Erste Seite von Jost Bürgis Logarithmentafel
Die verfügbare Vorlage enthält viele beschädigte Ziffern;
die Undeutlichkeit ist nicht durch unsorgfältige Wiedergabe verursacht.

Erläuterungen zur ersten Seite von Jost Bürgis Logarithmentafel

1. Die Randzahlen 0, 500, 1000, ..., 3500 der obersten Zeile sowie die Randzahlen 0, 10, 20, ..., 500 der linken Spalte, beide bei Bürgi in roter Farbe gedruckt und von ihm deswegen „rote Zahlen" genannt, sind in unserer heutigen Terminologie Logarithmen.
2. Die Innenzahlen, beginnend oben links mit 100000000 und endend unten rechts mit 104080816, bei Bürgi in schwarzer Farbe gedruckt und von ihm deswegen „schwarze Zahlen" genannt, sind in unserer heutigen Terminologie Numeri (englisch „antilogarithms").
3. Die Basis dieses Bürgi'schen Logarithmensystems ist die Zahl 1,0001, in der zweiten Zeile der schwarzen Zahlen ganz links in der Form 100010000 auftauchend. Daraus geht hervor, daß von allen schwarzen Zahlen des Inneren 8 Dezimalstellen abzustreichen sind, so daß die letzte schwarze Zahl 104080816 rechts unten als 1,04080816 zu verstehen ist.
4. Links neben der Basiszahl 100010000 (gemeint als 1,0001) steht als rote Randzahl 10, die mithin als 1,0 = 1 aufzufassen ist, da der Logarithmus der Basiszahl stets 1 sein muß. Daraus geht hervor, daß bei allen roten Zahlen 1 Dezimalstelle abgestrichen werden muß. Die letzte rote Zahl der obersten Zeile 3500 bedeutet also 350,0 = 350.
5. Fassen wir irgend eine schwarze Zahl des Innern ins Auge, etwa 101106017, gemeint als 1,01106017! Über ihr steht die rote Zahl 1000, gemeint als 100,0 = 100, links neben ihr die rote Randzahl 100, gemeint als 10,0 = 10. Beide rote Zahlen sind zu addieren:

$$1000 + 100 = 1100,$$
gemeint als $100,0 + 10,0 = 110,0 = 110.$

Zur schwarzen Zahl 1,01106017 gehört also tabellarisch die rote Zahl 110. Dies will besagen, daß zwischen beiden folgende Beziehung besteht:
$$1,0001^{110} = 1,01106017 \text{ oder}$$
$$\log 1,01106017 = 110.$$

Als ein anderes Beispiel sei die letzte schwarze Zahl 104080816, gemeint als 1,04080816, gewählt. Zu ihr gehört darüber die rote Zahl 3500, gemeint als 350, links daneben die rote Zahl 500, gemeint als 50. Die Addition der beiden roten Zahlen ergibt 4000, gemeint als 400, und es besteht die Beziehung:
$$1,0001^{400} = 1,04080816 \text{ oder}$$
$$\log 1,04080816 = 400.$$

6. Man kann die letzte Beziehung
$$1,0001^{400} = 1,04080816$$
folgendermaßen umformen:
$$(1,0001^{10000})^{400} = 1,04080816^{10000}$$
Der Klammerinhalt der linken Seite der Gleichung ist nahezu die Zahl e, so daß angenähert gilt:
$$e^{400} = 1,04080816^{10000} \text{ oder}$$
$$e^{400/10000} = 1,04080816 \text{ oder}$$
$$e^{0,04} = 1,04080816 \text{ oder}$$
nat. log 1,04080816 = 0,04.

So ist die Bürgische Tafel nach einer derartigen Umrechnung angenähert auch eine Tafel natürlicher Logarithmen.

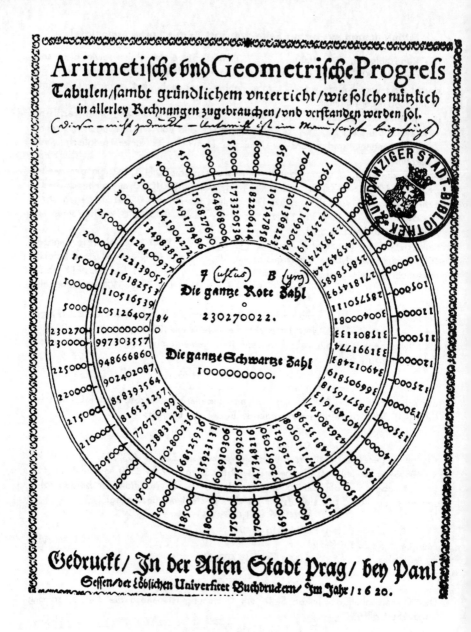

Titelblatt von Jost Bürgis Logarithmentafel

3. Anhang

Auf Seite 72 weist Ernst Bindel auf den Zusammenhang von Wachstumsprozessen mit der Exponentialkurve hin:
«Überall, wo sich lebendige Substanz vermehrt, wird die hinzukommende Substanz im Augenblick ihres Entstehens ein Bestandteil der Gesamtsubstanz und ist nun an der Hervorbringung weiterer Substanz mitbeteiligt.»
Ein schönes Beispiel für diesen Zusammenhang liefert die in der Symmetrieebene aufgeschnittene Schale eines tintenfischverwandten Kopffüßlers aus dem Südpazifik: das Perlboot, Nautilus pompilius. Man erkennt eine sehr regelmäßige Spirale. Hat sie sogar die mathematischen Eigenschaften einer logarithmischen Spirale?
Um diese Frage zu beantworten, lenken wir unsere Aufmerksamkeit auf eine fundamentale Eigenschaft aller logarithmischen Spiralen, die schon in der Figur 5 (Seite 16) und der Figur 22 (Seite 75) angeklungen ist.
Drehen wir einmal in Gedanken den Radius $r = \overline{MP}$ der Spirale immer um denselben Winkel γ weiter, so erhalten wir eine Folge von Spiralenpunkten P_1, P_2, P_3, ... Diese bilden mit dem Pol M der Spirale lauter ähnliche Dreiecke! Die Dreiecke sind deshalb ähnlich, weil sie außer in dem Winkel γ auch in dem Verhältnis zweier Seiten übereinstimmen. Ist nämlich $r = a^b$ die Gleichung der Spirale, so erhalten wir für das Verhältnis irgend zweier benachbarter Radien stets denselben Wert:

$$\frac{r_1}{r_2} = \frac{a^{b+c}}{a^b} = \frac{a^b \, a^c}{a^b} = a^c$$

Der Exponent c ist die Maßzahl des zum Winkel γ gehörenden Kreisbogens (man vergleiche dazu die Seiten 17/18 und 74).
Wir wissen nun, daß die Dreiecke außer in dem Winkel γ auch in den beiden anderen Winkeln übereinstimmen. Hieraus ergibt sich eine recht einfache Konstruktion von logarithmischen Spiralen beliebiger Gestalt: man zeichnet zunächst ein Netz von Geraden r_1, r_2, ..., die sich alle in einem Punkt M treffen, und von denen je zwei benachbarte stets denselben Winkel, z. B. γ = 10° einschließen. Auf einer dieser Geraden (r_1) wählt man einen Punkt P_1 und zeichnet durch ihn eine Gerade g_1 in einem beliebigem Winkel α zu r_1. Im Schnittpunkt P_2 von g_1 mit r_2 wird derselbe Winkel α an r_2 angetragen, es entsteht die Gerade g_2, die r_3 in P_3 schneidet, usw. Die entstehenden Dreiecke M P_1P_2, M P_2P_3, M P_3P_4 usw. sind ähnlich, daher liegen die Punkte P_1, P_2, ... auf einer logarithmischen Spirale. Ihr «Schwung» wird von der Größe der Winkel α und γ bestimmt.
Nun können wir auch leicht prüfen, ob eine gegebene Spirale, z. B. die des Nautilus, eine logarithmische Spirale ist: wir legen unser Geradennetz r_1, r_2, ... mit dem Mittelpunkt M so auf die Spirale, daß sich der Punkt M möglichst genau im Pol der Spirale befindet. Der Spiralenbogen schneidet dann das Geradennetz in Punkten, die

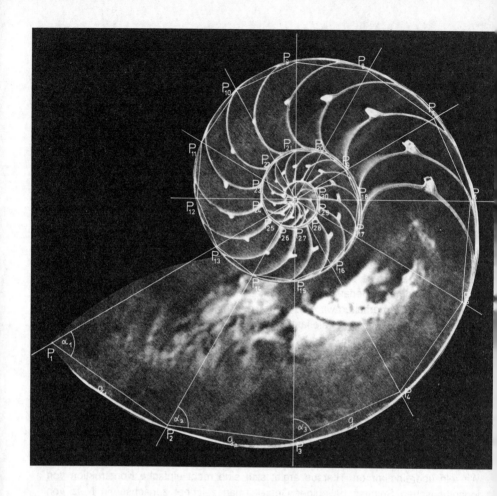

mit $P_1, P_2, \ldots$ bezeichnet werden. Zu jedem Punkt P_n gehört nun der Radius $r_n = \overline{MP_n}$ und ein Winkel $\alpha_n = \sphericalangle\, M\, P_n P_{n+1}$. Dieser Winkel muß in allen Dreiecken denselben Wert haben, wenn die Spirale eine logarithmische sein soll. Ferner müssen auch in diesem Fall die Verhältnisse benachbarter Radien gleich sein, was sich durch Messung und Rechnung leicht feststellen läßt.

Beides ist bei der Nautilusspirale mit erstaunlich großer Genauigkeit erfüllt.

Die Abbildung zeigt ein Geradennetz ($\gamma = 30°$), das auf die Nautilusspirale gelegt wurde. Dadurch entstanden die Schnittpunkte $P_1, P_2, \ldots$ Die Maße von 24 Radien und Winkeln dieser Figur sind in der folgenden Tabelle aufgelistet (α_n in Grad, r_n in mm).

n	r_n	α_n
1	116,5	64,2
2	105	66
3	96,5	66
4	88	65,5
5	80,5	64,5
6	73	64,5
7	66	64,2
8	59,5	66,2

n	r_n	α_n
9	55	66
10	50,5	64,5
11	45,5	64
12	41	66
13	37,5	66,5
14	35	67,5
15	32,5	67
16	30	68,5

n	r_n	α_n
17	28	66
18	26	65,5
19	24	66
20	22	63
21	19,5	63,5
22	18	62,5
23	16	63
24	14	64

Man sieht, daß die Winkel in der Tabelle recht gut übereinstimmen. Der Mittelwert beträgt $\alpha = 65,2 \pm 1,5$, die relative Abweichung ist im Mittel 2,3 %.
Aus dem Verhältnis zweier Radien kann man auch die Basis a der Spirale leicht berechnen. Wir wählen dazu zwei Radien, die den Winkel $\gamma = 180°$ miteinander bilden; die Maßzahl des zugehörigen Halbkreisbogens ist $\pi = 3,14 \ldots$ Es ist also

$$\frac{r_n}{r_{n+6}} = {_a}\pi$$

Durch Logarithmieren erhalten wir

$$\log \frac{r_n}{r_{n+6}} \log (a^\pi) = \pi \cdot \log a \qquad \text{(vgl. Seite 33)}$$

und ferner

$$\frac{1}{\pi} \cdot \log \frac{r_n}{r_{n+6}} = \log a$$

Wir haben also zunächst das Verhältnis $\frac{r_n}{r_{n+6}}$
zu berechnen, von diesem den Logarithmus zu suchen und ihn durch $\pi = 3,14$ zu teilen. Das Ergebnis ist der Logarithmus von der Spiralenbasis a, der uns in der Logarithmentafel den Wert von a liefert.

Rechenbeispiel für n = 8: $\dfrac{r_8}{r_{14}} = \dfrac{59{,}5}{35} = 1{,}7$

$\log 1{,}7 = 0{,}2304; \quad \dfrac{0{,}2304}{3{,}14} = 0{,}0734$

$\log a = 0{,}0734; \quad \underline{a = 1{,}184}$

Für die statistische Auswertung wählen wir alle Radien, die den Winkel 30° einschließen, das ergibt 23 Verhältniszahlen, und alle Radien, die den Winkel 60° einschließen (22 Verhältniszahlen), dazu kommen die Radien mit den Winkeln 90° (21 Verhältniszahlen), 120° (20 Verhältniszahlen), usw. bis 360° (12 Verhältniszahlen). Aus jeder der 23+22+21+ . . . +12 = 210 Verhältniszahlen wird die Basis a berechnet, natürlich immer mit dem zu dem entsprechenden Winkel gehörenden Bogenmaß:

$$30° = \dfrac{\pi}{6}; \ 60° = \dfrac{\pi}{3}; \ 90° = \dfrac{\pi}{2}; \ 120° = \dfrac{4\pi}{6}; \ \text{usw. bis } 360° = 2\pi.$$

Für den Mittelwert erhält man mit dem Taschenrechner die Zahl a = 1,186 mit der Standardabweichung s = 0,022.
Der relative Fehler beträgt

$$\dfrac{s}{a} = 1{,}9\,\%.$$

Es wäre sicher interessant, die Basiszahlen von verschiedenen Nautilus-Exemplaren zu berechnen und die Ergebnisse miteinander zu vergleichen!

Peter Baum, Kassel

Weitere Bücher von Ernst Bindel:

Die ägyptischen Pyramiden

5. Auflage. 316 Seiten mit Abbildungen, Leinen

«Bindel legt seiner Beurteilung der viel umrätselten Bauwerke die ‹antike Bewußtseinslage› zugrunde. Seine sehr interessante Deutung geht von der Mysterienweisheit aus, die, wie er betonte, das ‹Ferment aller antiken Kulturen› war. Schritt für Schritt vorgehend, legt er dar, daß diese Weisheit, die neben anderem auch eine Art von symbolischer Mathematik einschloß, sowohl die äußere Form als auch die innere Anlage der monumentalen Grabmäler bestimmt hat. Die Lektüre des Buches erfordert ein geduldiges Mitgehen und Mitdenken bis in mathematische, philosophische und religiöse Bezüge hinein.»
Das Bücherschiff

Die Kegelschnitte

Ihre zeichnerische Gewinnung und ihre Beziehung zum Menschen.

47 Seiten, mit zahlreichen Figuren, Großformat, kartoniert

Die geistigen Grundlagen der Zahlen

4. Auflage, 258 Seiten, zahlreiche Zeichnungen, kartoniert

Anhand grundsätzlicher Betrachtungen der arithmetischen und geometrischen Strukturen der ersten zehn Zahlen unseres Zahlensystems entwickelt der Autor umfassende Gesichtspunkte, die nicht nur das mathematische Denken erweitern, sondern ebenso fruchtbar gemacht werden für die geistigen Grundlagen der Hochkulturen der Menschheit.

VERLAG FREIES GEISTESLEBEN STUTTGART

«Menschenkunde und Erziehung»

Schriften der Pädagogischen Forschungsstelle beim Bund der Freien Waldorfschulen

30 Die Sozialgestalt der Waldorfschule
Ein Beitrag zu den sozialwissenschaftlichen Anschauungen Rudolf Steiners. Von Stefan Leber. 2. Auflage, 240 Seiten.

31 Lichtlehre
Von Frits H. Julius (in Vorbereitung).

32 Bildgestaltung und Gestaltenbilder
Aufsätze zum Kunstunterricht in der Freien Waldorfschule. Von Ernst Uehli. 99 Seiten.

33 Die Formensprache der Pflanze
Beiträge zu einer kosmologischen Botanik. Von Ernst Michael Kranich. 2. Auflage, 192 Seiten mit 64 Zeichnungen.

34 Von der Zeichensprache des kleinen Kindes
Spuren der Menschwerdung. Von Michaela Strauss. Mit menschenkundlichen Anmerkungen von Wolfgang Schad. 3. Auflage, 96 Seiten mit 25 farbigen und 60 einfarbigen Abbildungen.

35 Bewegungsbild und menschliche Gestalt
Vom Wesen der Leibesübungen. Von Peter Prömm. 158 Seiten.

36 Lautwesenskunde. Erziehung und Sprache
Von Martin Tittmann. 158 Seiten.

37 Erziehungsaufgaben und Menschheitsgeschichte
Gesammelte Aufsätze von Walter J. Stein. 94 Seiten.

38 Der Sprachbau als Kunstwerk
Grammatik im Rahmen der Waldorfschule. Von Erika Dühnfort. 344 Seiten.

39 Geschlechtlichkeit und Erziehungsauftrag
Ziele und Grenzen der Geschlechtserziehung. Von Stefan Leber. 167 Seiten, kartoniert.

40 Die Waldorfschule baut
Architektur der Waldorfschule 1920–1980. Von Rex Raab und Arne Klingborg. 288 Seiten mit 440 schwarz-weißen und 24 farbigen Abbildungen.

41 Zeugnis-Sprüche
Eine Sammlung von ca. 300 Zeugnissprüchen für die Klassen 1–8. Von Martin Tittmann. 144 Seiten, kartoniert.

42 Gymnastische Erziehung
Von Fritz Graf v. Bothmer. Herausgegeben von Dr. G. Husemann. Zweite, bearbeitete und erweiterte Auflage. Mit zahlreichen Abbildungen.

43 Geschichte lehren
Thematische Anregung zum Lehrplan. Von Christoph Lindenberg. 210 Seiten, kartoniert.

44 Welt, Farbe und Mensch
Von Julius Hebing, hrsg. von Hilde Berthold-Andrae. 250 Seiten mit zahlr. schwarz-weißen und farbigen Abbildungen, Leinen, sowie 60 Tafeln in einer Mappe.

VERLAG FREIES GEISTESLEBEN STUTTGART